中等职业教育智能制造类专业系列教材

电气控制与PLC技术

DIANQI KONGZHI YU PLC JISHU

主　编◎王　谊　钮长兴
副主编◎胡建华　包　洪
编　者◎张　敏　童　玲　陈　程
曾宪明　张秋雨
主　审◎谭云峰

重庆大学出版社

图书在版编目(CIP)数据

电气控制与 PLC 技术 / 王谊,钮长兴主编. -- 重庆 :
重庆大学出版社, 2021.10
中等职业教育智能制造类专业系列教材
ISBN 978-7-5689-2861-8

Ⅰ. ①电… Ⅱ. ①王… ②钮… Ⅲ. ①电气控制—中
等专业学校—教材②PLC 技术—中等专业学校—教材 Ⅳ.
①TM571.2②TM571.6

中国版本图书馆 CIP 数据核字(2021)第 168461 号

中等职业教育智能制造类专业系列教材
电气控制与 PLC 技术
主　编　王　谊　钮长兴
副主编　胡建华　包　洪
责任编辑:章　可　　版式设计:章　可
责任校对:关德强　　责任印制:赵　晟
*
重庆大学出版社出版发行
出版人:饶帮华
社址:重庆市沙坪坝区大学城西路 21 号
邮编:401331
电话:(023)88617190　88617185(中小学)
传真:(023)88617186　88617166
网址:http://www.cqup.com.cn
邮箱:fxk@cqup.com.cn(营销中心)
全国新华书店经销
重庆俊蒲印务有限公司印刷
*
开本:787mm×1092mm　1/16　印张:10.25　字数:244 千
2021 年 10 月第 1 版　　2021 年 10 月第 1 次印刷
ISBN 978-7-5689-2861-8　定价:34.00元

前言
QIANYAN

随着信息技术的不断发展，人们在日常生活和生产活动中已大量使用自动化控制，不仅节约了人力资源，而且极大地提高了生产效率，促进了生产力的快速发展。自动化正成为制造企业快速服务全球市场的关键。按目前的发展，我国将迎来一个PLC市场高速增长的时期。

本书作为中等职业学校智能制造类专业的教学用书，在编写中力求以行业企业调研、典型工作任务与职业能力分析、国家课程标准为依据，主要针对智能制造产业的工作岗位（群）需求组织内容。本书共分三大模块，分别是电动机控制模块（项目一至项目四）、灯光控制模块（项目五至项目八）、工业控制模块（项目九至项目十二），共包含十二个项目，每个项目又包含若干个任务。

本书的主要特点如下：

1. 编写模式新颖

本书依据教育部《职业院校教材管理办法》，采用“项目＋N个任务”的体例和基于工作过程的行动导向模式编写，设置了“任务描述”“任务实施”“任务练习”“任务评价”“知识拓展”等板块，通过让学生体验实际工作流程并动手实践操作，使理论知识实作化，真正做到“学中做，做中学”。

2. 内容融入思政元素

每个项目都明确提出知识、技能、思政三个方面的学习目标，将思政元素融入教材内容。

3. 企业专家共同参与

本书在编写过程中引入企业专家进行指导，并审核内容，使内容更加贴合企业岗位的需求，保证新技术、新工艺、新流程、新规范能够及时编入书中。

4. 融入企业“7S”管理的职业素养

在任务实施过程中，任务评价采用了具有针对性的评价表，增加了企业“7S”管理的职业素养考核内容。

5. 配套丰富的数字资源

本书配有教案、PPT课件、微课等课程资源，便于老师和学生开展线上、线下混合式教学，助推职业教育的“三教”改革，提升人才培养质量。

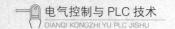

本书由重庆市九龙坡职业教育中心王谊、钮长兴担任主编，胡建华、包洪担任副主编，谭云峰担任主审。具体编写分工如下：王谊编写项目一、项目五、项目六，胡建华编写项目三、项目十二，包洪编写项目十、项目十一，童玲编写项目二，陈程编写项目四，张秋雨编写项目七，张敏编写项目八，曾宪明编写项目九。

本书在编写过程中得到了重庆西门雷森精密装备制造研究院的大力支持，在此表示感谢。

由于编者水平有限，书中仍难免有不足之处，恳请读者批评指正，以便修订完善。

编者

2021 年 2 月

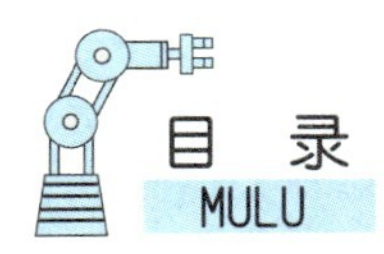
目 录
MULU

导读 可编程逻辑控制器

目前,随着大规模和超大规模集成电路等微电子技术的发展,可编程逻辑控制器(Programmable Logic Controller,PLC)已由最初的一位机发展到现在以16位或32位微处理器构成的微型PC,实现了多处理器的多通道处理。如今,PLC技术已非常成熟,随着远程I/O和通信网络、数据处理以及图像显示的发展,使PLC向连续生产过程控制的方向发展,成为实现工业生产自动化的一大支柱。

一、可编程逻辑控制器概述

可编程逻辑控制器取代了传统的继电-接触器控制系统,它是工业控制专用的计算机控制系统,具有可靠性高、通用性强、编程简单、维修方便、能耗低等特点。因此PLC广泛应用于钢铁、石油、化工、电力、建材、机械制造、汽车、轻纺、交通运输、环保、文化娱乐等各个行业。

二、PLC的基本组成

PLC由中央处理器(CPU)、存储器、输入/输出单元、电源、编程器及外部设备等组成,如图0-1所示。

三、PLC的工作原理

PLC采用周而复始的循环扫描工作方式,其扫描一个周期包括3个阶段:输入采样、程序执行、输出刷新,其工作原理和工作阶段分别见图0-2和表0-1。

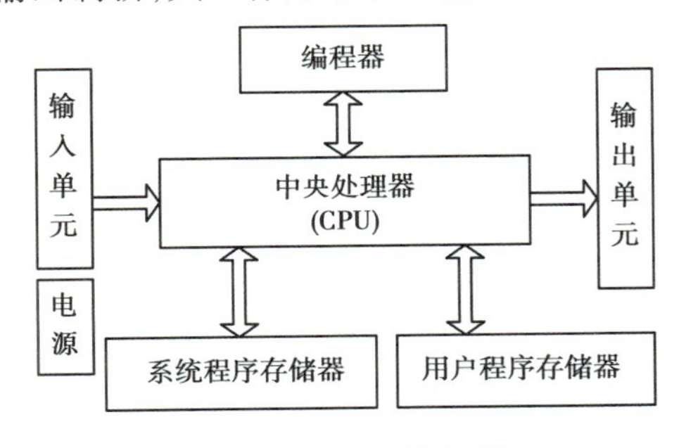

图0-1 PLC结构框图

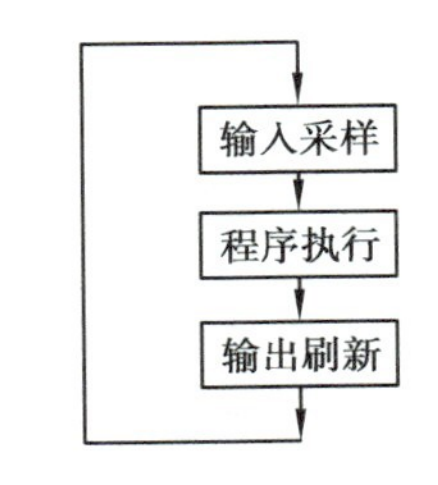

图0-2 PLC扫描工作原理

表0-1 PLC工作阶段

输入采样阶段	PLC按照顺序读入所有输入端子的通断状态,并将读入的信息存入内存中所对应的状态寄存器
程序执行阶段	按先上后下、先左后右的顺序(除跳转指令外)对梯形图程序进行逐句扫描,并根据各状态寄存器中的结果进行逻辑运算,运算结果再存入有关寄存器中

续表

输出刷新阶段	当所有指令执行完毕,输出状态寄存器的通断状态,在输出刷新阶段送至输出锁存器中,并通过一定的方式(继电器、晶体管或晶闸管)输出,驱动相应输出设备工作

四、PLC 的分类

通常各类 PLC 产品可按结构形式、I/O 点数及功能 3 个方面进行分类,见表 0-2。

表 0-2　PLC 的分类

结构形式	整体式	将电源、CPU 和 I/O 部件都集中在一个机箱内,结构紧凑、体积小、价格低。一般小型的 PLC 采用这种结构
	模块式	把各个组成部分做成若干个独立模块,如 CPU 模块、I/O 模块、电源模块及各种功能模块等。这种结构的特点是配置灵活,装配和维修方便,易于扩展。一般大中型的 PLC 都采用这种结构
I/O 点数	小型机	I/O 点数在 256 以下,其中小于 64 为超小型或微型 PLC
	中型机	I/O 点数在 256~2048
	大型机	I/O 点数在 8192 以上
功能	低档机	具有逻辑运算、定时、计数、移位,以及自诊断、监控等基本功能
	中档机	除具有低档机的功能外,还具有较强的模拟量输入/输出、算术运算、数据传送和比较、远程 I/O 和通信等功能
	高档机	除具有中档机的功能外,还有符号算术运算、位逻辑运算、矩阵运算、二次方根运算及其他特殊功能的函数运算、表格功能等。高档机具有更强的通信联网功能,可用于大规模过程控制系统

五、PLC 的型号及含义

在 PLC 的正面,一般都有表示该 PLC 型号的符号,通过阅读该符号即可获得该 PLC 的基本信息。FX 系列 PLC 的型号命名格式如图 0-3 所示。

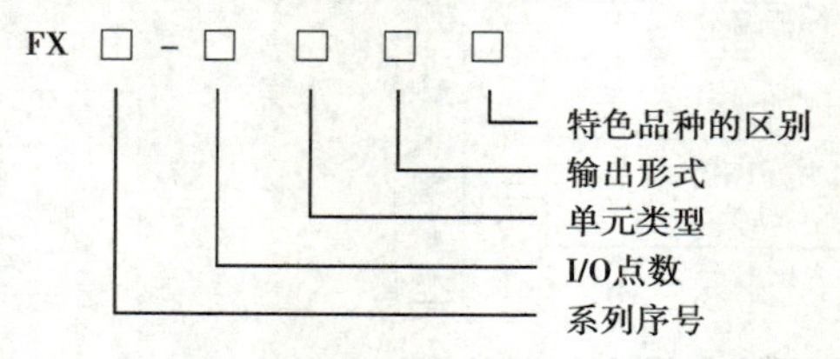

图 0-3　PLC 的型号命名格式

(1)系列序号:0、2、0N、0S、1N、1S、C、2C、2N、2NC。

(2)I/O 总点数:16~256。

(3)单元类型:M 表示基本单元,E 表示输入输出混合扩展单元及扩展模块,EX 表示输入专用扩展模块;EY 表示输出专用扩展模块。

(4)输出形式:R 表示继电器输出,T 表示晶体管输出,S 表示晶闸管输出。

(5)特殊品种的区别:D 表示 DC(直流)电源,DC 输入;A1 表示 AC(交流)电源,AC 输入;H 表示大电流输出扩展模块(1A/1 点);V 表示立式端子排的扩展模块;C 表示接插口的输入输出方式;F 表示输入滤波时间常数为 1 ms 的扩展模块;L 表示 TTL 输入扩展模块;S 表示独立端子(无公共端)扩展模块。

六、三菱 FX_{2N}-48MR 型可编程逻辑控制器

1. PLC 的外形

三菱 FX_{2N}-48MR 型 PLC 外形如图 0-4 所示。

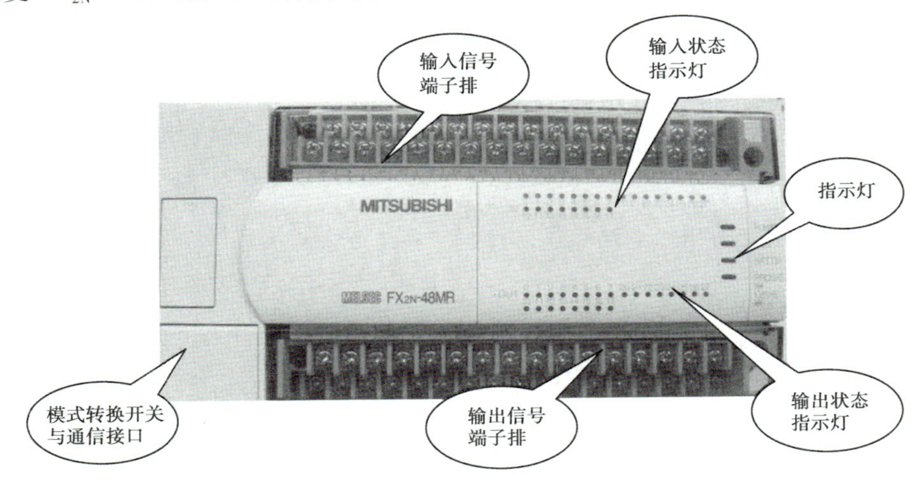

图 0-4　FX_{2N}-48MR 外形图

2. PLC 的输入输出端子

三菱 FX_{2N}-48MR 型 PLC 的输入接口为:X0-X7,X10-X17,X20-X27,COM 为公共端;输出接口为:Y0-Y7,Y10-Y17,Y20-Y27,COM 为公共端。在具体编号时,采用八进制。

3. PLC 的指示灯

三菱 FX_{2N}-48MR 型 PLC 的指示灯状态与当前运行的状态见表 0-3。

表 0-3　PLC 指示灯状态

指示灯	指示灯的状态与当前运行的状态
POWER 电源指示灯(绿灯)	PLC 接通电源后,该指示灯点亮
RUN 运行指示灯(绿灯)	当 PLC 处于正常运行状态时,该指示灯点亮
BATT. V 内部锂电池欠压指示灯(红灯)	如果该指示灯点亮说明锂电池电压不足,应更换
PROG. E 和 CPU. E 程序出错指示灯(红灯)	如果该指示灯闪烁,表示内部写入 PLC 的程序有错误;该指示灯常亮时,表示 PLC 内部 CPU 出错

项目一　PLC 实现电动机点动控制

▶项目目标

知识目标

(1)了解电动机点动控制电路的组成;

(2)理解电动机点动控制电路的工作原理;

(3)掌握电动机点动控制的 PLC 基本指令;

(4)掌握 PLC 电动机点动控制的设计原则与步骤;

(5)掌握下载并调试 PLC 电动机点动控制程序的方法。

技能目标

(1)能将电动机点动控制电路原理图转换成 PLC 梯形图;

(2)能写出电动机点动控制的 I/O 地址分配表;

(3)能使用 PLC 编程软件编写电动机点动控制的 PLC 程序;

(4)能现场安装 PLC 电动机点动控制电路;

(5)能下载与调试 PLC 程序,实现电动机点动控制。

思政目标

(1)激发学生的学习兴趣,训练学生良好的操作习惯,培养学生严谨的科学态度;

(2)培养学生好学向上、积极动手、团结协作、吃苦耐劳等良好品质;

(3)培养学生的 7S 职业素养。

▶项目描述

在机械生产车间里,经常能看见工人通过移动刀架,实现机床的精准对刀,如图 1-1 所示。本项目以最简单的电动机点动 PLC 控制电路为载体,在实训室完成此电路的设计与调试,使学生了解 PLC 控制的基本原理,体会 PLC 控制与传统继电器控制的区别,逐步掌握 PLC 自动控制技术并能灵活运用。

图 1-1　机床刀架对刀

任务一　认识电动机点动控制电路

▶任务描述

在机床生产车间，对工件进行切削前，工人会对机床设备进行对位、对刀、定位，机床设备对刀的核心电路就是电动机的点动控制。本任务将学习电动机点动控制的电路结构、工作原理。

▶任务准备

准备名称	准备内容	完成情况	负责人
实训工具	万用表 1 块		
实训器材	断路器、熔断器、交流接触器、按钮、三相异步电动机		
学习资讯	教材、任务书		

▶任务实施

一、认识电动机点动控制电路

电动机点动控制电路由断路器、熔断器、交流接触器、三相异步电动机和按钮等组成，电路原理图如图 1-2 所示。

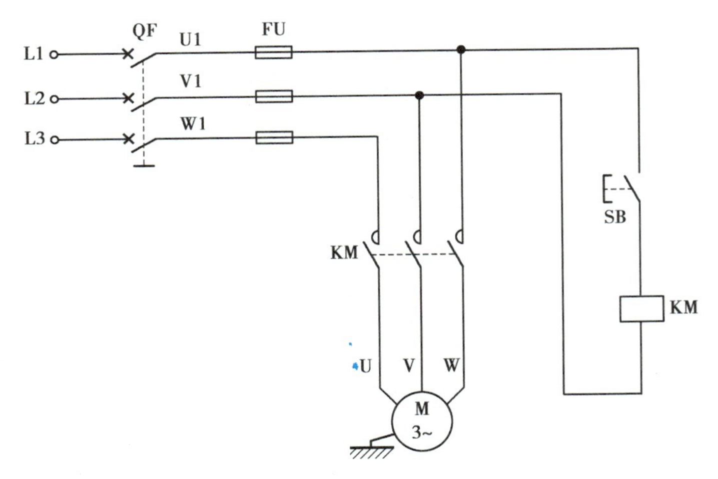

图 1-2　点动控制电路原理图

1. 断路器

(1) 概念

断路器是指能够关合、承载和开断正常回路条件下的电流并能在规定的时间内关合、承载和开断异常回路条件下电流的开关装置。

(2) 功能

控制作用：根据运行需要，切断或接通部分电力设备或线路。

保护作用：在电力设备或线路发生故障时，通过继电保护及自动装置作用于断路器，将故障部分从电网中迅速切除，以保证电网非故障部分的正常运行。

(3)结构

断路器一般由触头系统、灭弧系统、操作机构、脱扣器、外壳等组成。

(4)外形及电路符号

断路器的外形及电路符号如图 1-3 所示。断路器参数如图 1-4 所示。

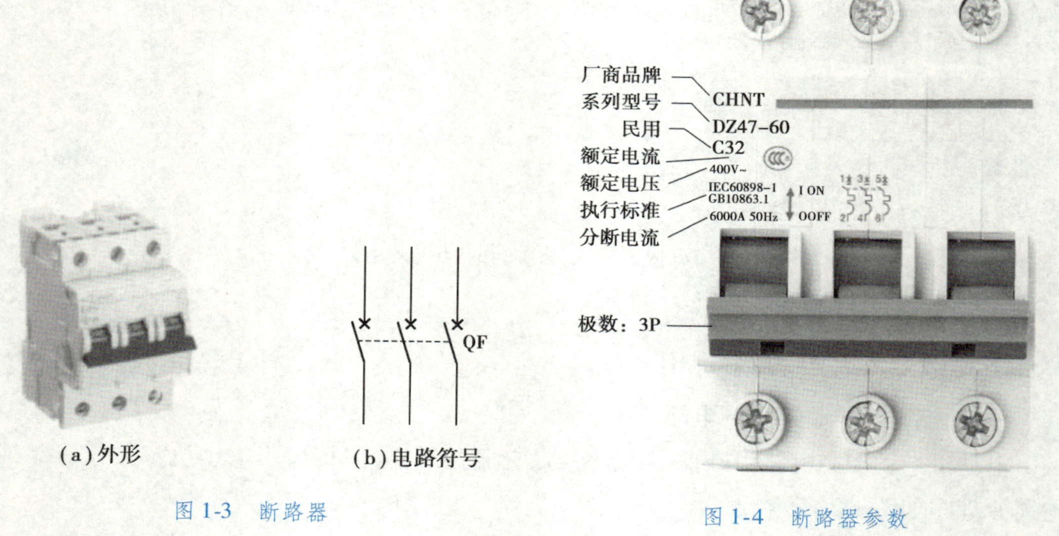

图 1-3 断路器

图 1-4 断路器参数

(5)原理

当短路时，大电流产生的磁场克服反力弹簧，脱扣器拉动操作机构动作，开关瞬间跳闸；当过载时，电流变大，发热量加剧，双金属片变形到一定程度推动机构动作，电流越大，动作时间越短。

2. 熔断器

(1)概念

熔断器是指当电流超过规定值时，以本身产生的热量使熔体熔断而断开电路的一种电器。

(2)功能

熔断器在电路中用作短路保护、过载保护。

(3)结构

低压熔断器由熔断体(简称熔体)、熔断器底座和熔断器支持件组成。

(4)外形及电路符号

熔断器的外形及电路符号如图 1-5 所示。熔断器参数如图 1-6 所示。

(5)原理

熔断器是一种过流保护器。使用时，熔断器串联在所保护的电路中，当电路发生过载或短路故障时，如果通过熔体的电流达到或超过了规定值，熔体会自行熔断，从而切断故障电流，起到保护作用。

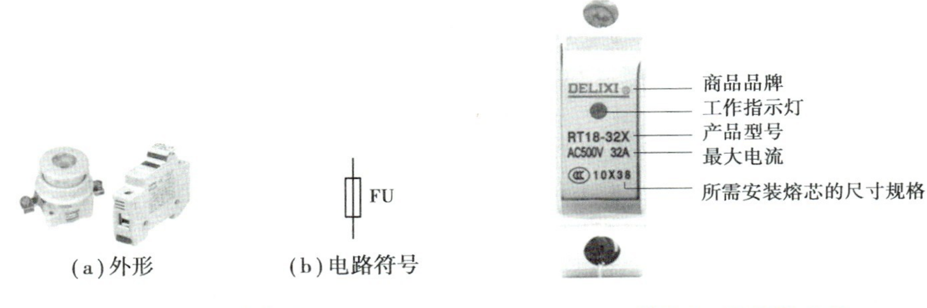

(a)外形　(b)电路符号

图 1-5　熔断器　　图 1-6　熔断器参数

3. 交流接触器

(1)概念

交流接触器是指工业电中利用线圈流过电流产生磁场，使触头闭合，以此控制负载的电器。

(2)功能

交流接触器作为执行元件，用于接通、分断线路或频繁控制电动机等设备运行。

(3)结构

交流接触器主要由电磁系统、触点系统、灭弧装置及其他部分组成。

(4)外形及电路符号

交流接触器的外形及电路符号如图 1-7 所示。

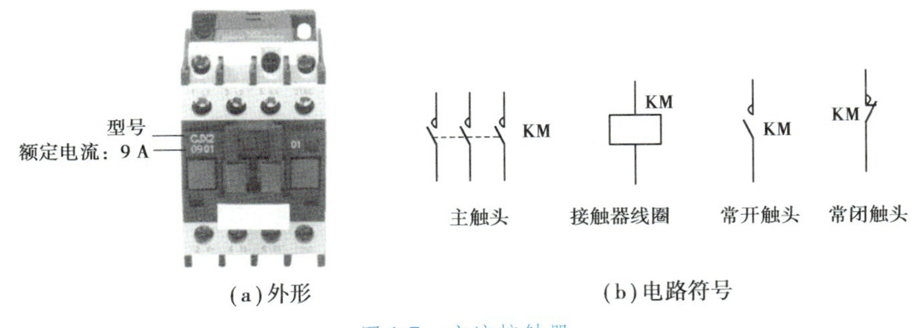

(a)外形　(b)电路符号

图 1-7　交流接触器

(5)原理

当线圈通电时，静铁芯产生电磁吸力，将动铁芯吸合，由于触头系统是与动铁芯联动的，因此动铁芯带动三条动触片同时运行，触点闭合，从而接通电源；当线圈断电时，吸力消失，动铁芯联动部分依靠弹簧的反作用力而分离，使主触头断开，切断电源。

4. 三相异步电动机

(1)概念

三相异步电动机是指依据电磁感应定律实现电能转换或传递的一种电磁装置。

(2)功能

三相异步电动机产生驱动转矩，作为用电器或各种机械的动力源。

(3)结构

三相异步电动机由定子、转子和其他附件组成。

(4)外形及电路符号

三相异步电动机的外形及电路符号如图 1-8 所示。

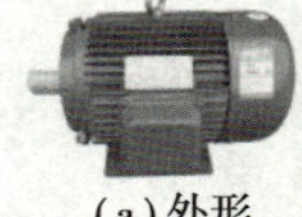

(a)外形

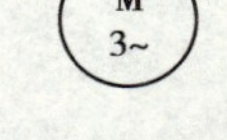

(b)电路符号

图 1-8 三相异步电动机

(5)原理

利用通电线圈(也就是定子绕组)产生旋转磁场并作用于转子(如鼠笼式闭合铝框)形成磁电动力旋转扭矩。

5. 按钮

(1)概念

按钮是一种常用的控制电器元件即开关,通过人工控制,达到控制电动机或其他电气设备运行的目的。

(2)功能

按钮用来接通或断开控制电路(5 A 以下的小电流),控制机械与电气设备的运行。

(3)结构

按钮一般由按钮帽、复位弹簧、桥式动触头、静触头、支柱连杆及外壳等部分组成。

(4)外形及电路符号

按钮的外形及电路符号如图 1-9 所示。

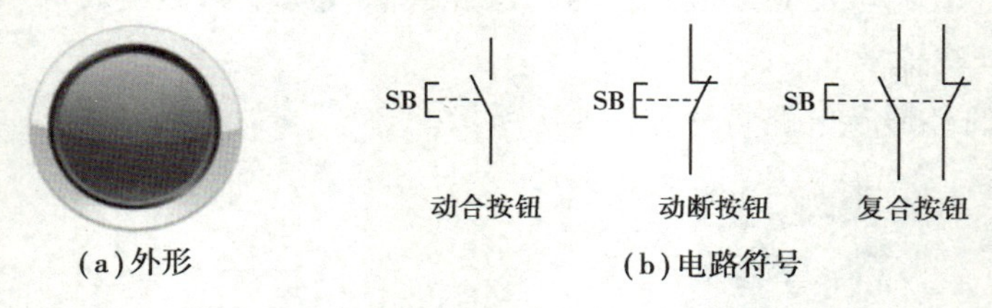

(a)外形 (b)电路符号

图 1-9 按钮

(5)原理

按钮不受外力作用时,按触头的分合状态分为动断按钮、动合按钮、复合按钮;当按钮受外力作用时,触头的分合状态会发生改变。

(6)颜色含义

在使用中,不同颜色的按钮代表不同的含义,具体见表 1-1。

表 1-1 不同颜色按钮的含义

按钮颜色	含义	说明	应用示例
红	紧急	危险或紧急情况时操作	急停
黄	异常	异常情况时操作	干预制止异常情况
绿	正常	正常情况时操作	正常启动
蓝	强制性	要求强制动作情况下操作	复位
白	未赋予特定含义	除急停以外的一般功能的启停	启动/接通(优先)、停止/断开
灰			启动/接通、停止/断开
黑			启动/接通、停止/断开(优先)

二、了解电动机点动控制原理

先合上电源开关 QF，按下按钮 SB，使线圈 KM 通电，主电路中的主触点 KM 闭合，电动机 M 运转。若松开按钮 SB，线圈 KM 失电释放，KM 主触点分开，切断电动机 M 的电源，电动机停转。这种只有按下按钮电动机才会运转，松开按钮即停转的线路，称为点动控制线路。这种线路常用作快速移动或调整机床。

▶任务练习

（1）写出以下各器件的名称。

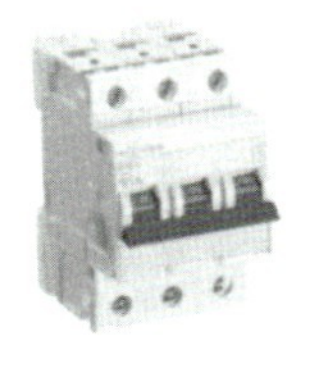

________ ________ ________ ________ ________

（2）写出以下电器在电路中的电路符号和字母符号。

①断路器：

②熔断器：

③交流接触器：

④电动机：

（3）根据各低压电器的作用，完成实物图连线。

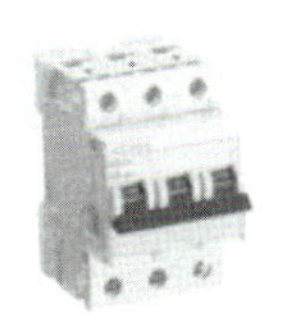

作为用电器或各种机械的动力源	接通、分断线路，控制电动机等设备运行	短路保护、过载保护	接通或分断小电流的控制电路	控制作用和保护作用

（4）简述电动机的点动工作原理。

▶任务评价

根据任务完成情况，如实填写表 1-2。

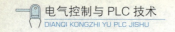

表 1-2　任务评价表

<table>
<tr><th>序号</th><th colspan="3">评价要点</th><th>配分/分</th><th>得分/分</th><th>总评</th></tr>
<tr><td>1</td><td colspan="3">能认识组成点动控制电路所需的低压器件</td><td>10</td><td></td><td rowspan="7">A（80 分及以上）□
B（70～79 分）□
C（60～69 分）□
D（59 分及以下）□</td></tr>
<tr><td>2</td><td colspan="3">能简述点动控制电路中各低压器件的电路符号</td><td>20</td><td></td></tr>
<tr><td>3</td><td colspan="3">能简述点动控制中各低压器件的作用</td><td>20</td><td></td></tr>
<tr><td>4</td><td colspan="3">能简述点动工作原理</td><td>30</td><td></td></tr>
<tr><td>5</td><td colspan="3">小组学习氛围浓厚，沟通协作好</td><td>10</td><td></td></tr>
<tr><td>6</td><td colspan="3">具有文明规范操作的职业习惯</td><td>10</td><td></td></tr>
<tr><td colspan="4">合计</td><td>100</td><td></td></tr>
<tr><td rowspan="2">总结</td><td>完成本任务的收获</td><td>任务完成过程中遇到的问题</td><td colspan="4">完成本任务的改进计划</td></tr>
<tr><td></td><td></td><td colspan="4"></td></tr>
</table>

任务二　编写电动机点动控制电路程序

▶任务描述

采用 PLC 控制方案，能改进和简化传统的按钮操作方法。本任务将学习电动机点动控制的 PLC 基本控制指令、GX Developer 软件的应用。

▶任务准备

准备名称	准备内容	完成情况	负责人
实训器材	计算机、三菱 FX_{2N}-48MR 型 PLC		
学习资讯	教材、任务书		

▶知识准备

一、PLC 的梯形图和指令语句表

1. 梯形图

用梯形图语言编写的程序称为梯形图程序。梯形图主要由母线、触点和线圈组成，如图 1-10 所示。各组成部分的含义见表 1-3。

表 1-3　梯形图各组成部分的含义

梯形图组成	各组成部分的含义
母线	梯形图的左侧竖直线称为起始母线，右侧竖直线称为终止母线。母线相当于电路中的电源线，梯形图从左母线开始，经过触点和线圈，终止于右母线

续表

梯形图组成	各组成部分的含义
触点	梯形图中的触点有常开触点和常闭触点两种。这些触点可以是外部触点，也可以是内部继电器的状态，每一个触点都有一个标号，同一标号的触点可以反复使用。触点放置在梯形图的左侧
线圈	梯形图中的线圈类似于接触器与继电器的线圈，代表逻辑输出的结果，在使用中同一标号的线圈一般只能出现一次。线圈放置在梯形图的右侧

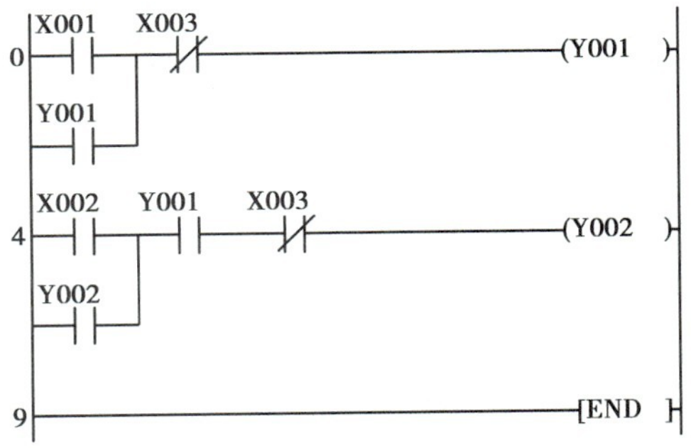

图 1-10 梯形图

2. 梯形图的特点

● 按自上而下、从左到右的顺序排列，每个继电器线圈为一个逻辑行，即一层梯级。每一个逻辑行起于左母线，中间是触点的连接，最终止于继电器线圈或右母线。

● 梯形图中的继电器不是真实的物理继电器，它实质上是变量存储器中的位触发器，称为“软继电器”。

● 梯形图中，除有跳转指令和步进指令等程序段外，同一编号的继电器线圈只能出现一次，而继电器触点可以无限次使用。

● 梯形图中各支路并没有真实电流流过，左右两侧母线之间仅仅是概念上的“能流”，而且认为它只能从左向右流动。

● 梯形图中只能出现输入继电器的触点，而不能出现输入继电器的线圈。

3. 指令语句表

指令语句表是一种用指令助记符来编制 PLC 程序的语言，与梯形图可以相互转换。一条指令语句是由步序、操作码和操作数三部分组成。图 1-10 所示的 PLC 梯形图对应的指令语句表见表 1-4。

表 1-4 指令语句表

序号	操作码	操作数
0	LD	X001
1	OR	Y001
2	ANI	X003

续表

序号	操作码	操作数
3	OUT	Y001
4	LD	X002
5	OR	Y002
6	AND	Y001
7	ANI	X003
8	OUT	Y002
9	EDN	—

二、输入继电器X和输出继电器Y

三菱FX系列产品内部的编程元件称为“软元件”，也称为“软继电器”，如输入继电器X、输出继电器Y、辅助继电器M、状态继电器S、定时器T、计数器C、数据存储器D等。

1. 输入继电器X

输入继电器用于接收PLC输入端子送入的外部开关信号，它与PLC的输入端子连接，其表示符号为X，按八进制方式编号。输入继电器与外部对应的输入端子编号相同，触点使用次数不限。图形符号如图1-11所示。

X000　　X000

(a)常开触点　(b)常闭触点

图1-11　输入继电器常开、常闭触点

2. 输出继电器Y

输出继电器也称为输出线圈，用于将PLC内部开关信号送出，它与PLC输出端子连接，其表示符号为Y，也按八进制方式编号。输出继电器与外部对应的输出端子编号是相同的，如图1-12所示。

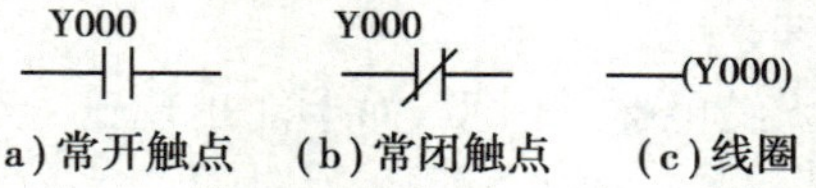

Y000　　Y000　　(Y000)

(a)常开触点　(b)常闭触点　(c)线圈

图1-12　输出继电器常开触点、常闭触点、线圈

输入继电器和输出继电器的示意图如图1-13所示。

三、FX_{2N}系列PLC的基本指令

1. 输入指令LD、LDI

用于将触点接到母线上。可与后面讲到的ANB指令组合，在分支起点处也可使用。

2. 输出指令OUT

线圈驱动指令，也称输出指令。它用于输出继电器、辅助继电器、状态器、定时器、计数器的线圈驱动指令，对输入继电器不能使用。输出指令用于并行输出，能连续使用多次。

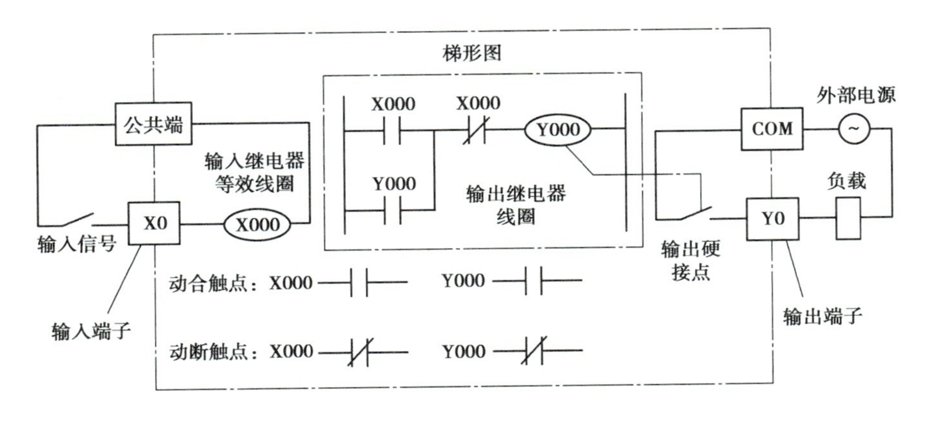

图 1-13　输入继电器、输出继电器的示意图

3. 结束指令 END

结束指令表示程序结束。

输入指令、输出指令、结束指令是 PLC 的基本指令，指令助记符与功能见表 1-5。

表 1-5　指令助记符与功能

助记符名称	功能	梯形图表示	操作元件	指令表达式	程序步
LD （取）	常开触点与母线相连	X000	X、Y、M、T、C、S	LD　X0	1
LDI （取反）	常闭触点与母线相连	X000	X、Y、M、T、S、C	LDI　X0	1
OUT （输出）	线圈驱动	(Y000)	Y、M、T、 S、C、F	OUT　Y0	Y，M：1 S，特 M：2 T：3 C：3-5
EDN （结束）	结束指令	[END]	无	END	1

四、电动机点动控制电路图与 PLC 梯形图的转换

根据继电器电路图来设计梯形图，将继电器电路图转换为具有相同功能的 PLC 梯形图。继电器电路符号与梯形图符号的对照表见表 1-6。

表 1-6　继电器电路符号与梯形图符号的对照表

符号名称	继电器电路符号		梯形图符号
动合触点			
动断触点			
线圈部分			

图 1-14 GX Developer 软件图标

五、三菱 PLC 的编程软件

GX Developer 是三菱 PLC 的编程软件,适用于 Q、QnU、QS、QnA、AnS、AnA、FX 等全系列可编程控制器,支持梯形图、指令表、SFC、ST 及 FB、Label 等语言程序设计。通过对 GX Developer 网络参数的设定,可进行程序的线上更改、监控及调试,具有异地读写 PLC 程序功能。软件图标如图 1-14 所示。

▶任务实施

一、分配 I/O 地址

根据电动机点动控制要求,可以确定电动机点动控制电路有 1 个输入设备和 1 个输出设备。PLC 的 I/O 地址分配见表 1-7。

表 1-7 PLC 点动控制电路 I/O 地址分配

输入端(I)				输出端(O)			
序号	输入设备	功能	端口编号	序号	输出设备	功能	端口编号
1	SB	启动/停止按钮	X000	1	接触器 KM	控制电动机 M	Y000

二、设计 PLC 硬件 I/O 接线图

I/O 接线图是在图纸上画出 PLC 控制系统中需要用到的输入设备与输入继电器的对应关系,以及输出设备与输出继电器的对应关系,同时画出输入设备、输出设备和 PLC 机箱的连接方法。电动机点动控制电路的 PLC 硬件 I/O 接线图如图 1-15 所示,其绘制方法为:主电路不变,控制电路用 PLC 替代。

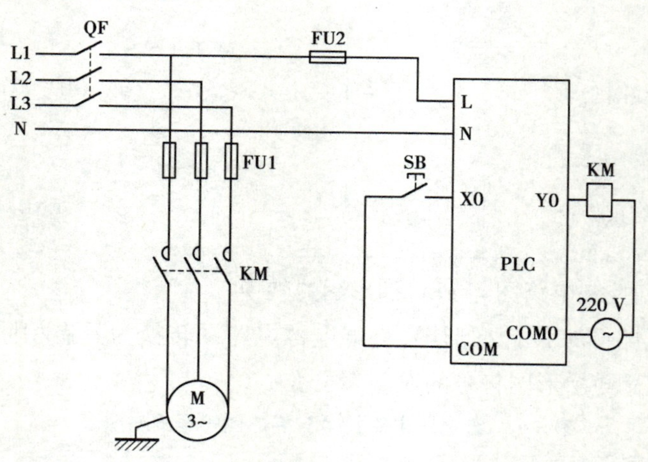

图 1-15 PLC 点动控制电路的 I/O 接线图

三、编写梯形图程序

1. 新建工程

使用 GX Developer 软件创建新工程,工程名为“点动控制”,保存在 E 盘的文件夹中。选择“工程”→“新建”→“创建新工程”命令,在“PLC 系列”下拉列表框中选择“FX CPU”选项,在“PLC 类型”下拉列表框中选择“FX 2N

(C)”选项,在“程序类型”选项中选择“梯形图”单选按钮,单击“确定”按钮。新建工程的编辑界面如图 1-16 所示。

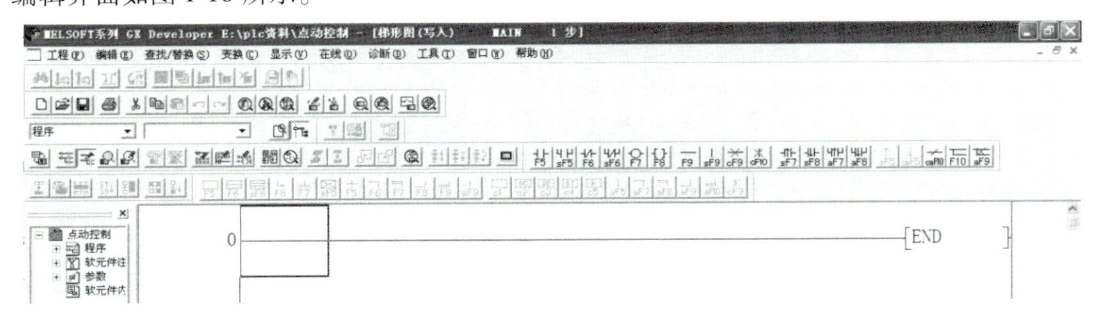

图 1-16　新建工程的编辑界面

2. 改造电动机点动控制电路

主电路不变,将点动控制电路的常开按钮转换为 PLC 的常开触点图形符号,将接触器 KM 的线圈转换为 PLC 的线圈符号,然后根据 I/O 分配表,将电动机点动控制电路部分的电气元件符号转换为对应的 PLC 图形符号,如图 1-17 所示。

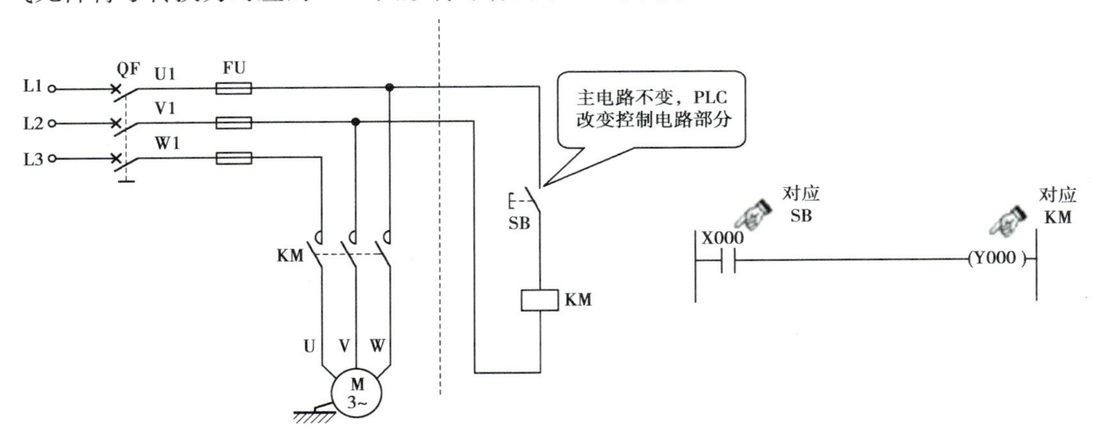

图 1-17　点动控制 PLC 改造控制电路图

3. 录入梯形图

根据点动控制 PLC 改造控制电路图,设计点动控制梯形图程序,如图 1-18 所示。录入到 GX Developer 的“电动机点动控制”工程并保存。

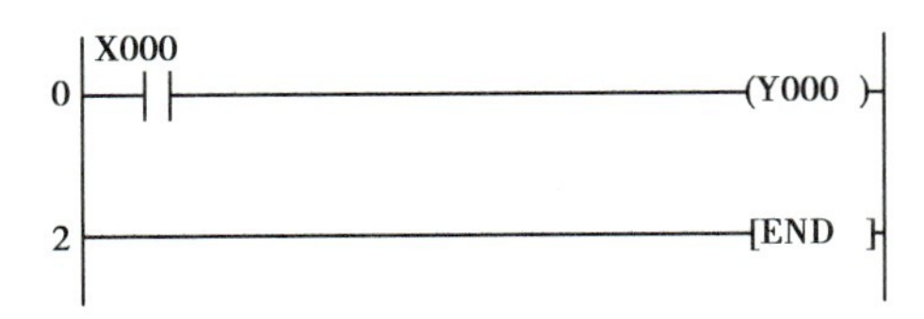

图 1-18　PLC 点动控制梯形图

4. 转换指令语句表

在 GX Developer“电动机点动控制”工程中,单击工具栏中的“梯形图/列表显示切换”按钮,将梯形图转换为指令表。将电动机点动控制电路的梯形图转换为对应的指令语句表,并填写表 1-8。

表 1-8　点动指令语句表

步序	操作码	操作数

5. 检查梯形图程序

选择“工具”→“程序检查”命令，在弹出的“程序检查”对话框中单击“执行”按钮，对程序进行检查。程序检查完毕，在“程序检查”对话框的空白处会显示“MAIN　没有错误”的信息。

▶任务练习

（1）梯形图由________、________、________组成。

（2）输入继电器用________表示，输出继电器用________表示。

（3）输入指令的助记符是________、________，输出指令的助记符是________，结束指令的助记符是________。

（4）试将以下电气图转换为 PLC 梯形图。

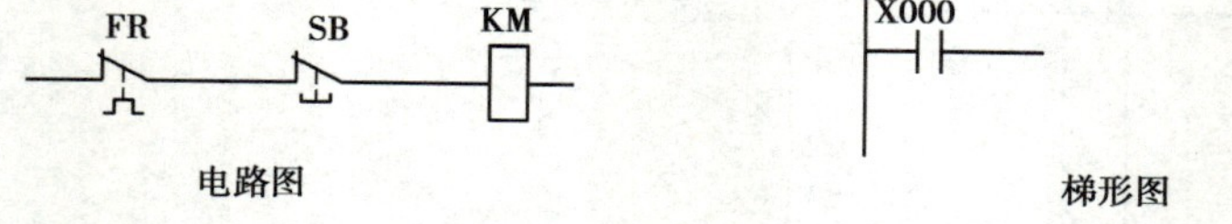

电路图　　梯形图

▶任务评价

根据任务完成情况，如实填写表 1-9。

表 1-9　任务评价表

序号	评价要点	配分/分	得分/分	总评
1	能简述梯形图的组成	10		A（80 分及以上）□ B（70～79 分）□ C（60～69 分）□ D（59 分及以下）□
2	能简述梯形图的特点	30		
3	能简述输入、输出继电器的表示方式	30		
4	能将传统电气图转换为 PLC 梯形图	10		
5	小组学习氛围浓厚，沟通协作好	10		
6	具有文明规范操作的职业习惯	10		
合计		100		
总结	完成本任务的收获	任务完成过程中遇到的问题	完成本任务的改进计划	

任务三　安装并调试电动机点动控制电路

▶任务描述

本项目的任务二中已经编写好 PLC 电动机点动控制电路的程序。本任务将在此基础上，安装电动机点动控制电路，下载电动机点动控制的 PLC 程序，运行调试电路，实现电动机点动控制的要求。

▶任务准备

准备名称	准备内容	完成情况	负责人
实训工具	万用表 1 块、梅花螺丝刀 1 把、剥线钳 1 把		
实训器材	计算机、三菱 FX_{2N}-48MR 型 PLC、断路器、熔断器、交流接触器、按钮、电动机、按钮开关 1 个、导线若干		
学习资讯	教材、任务书		

▶任务实施

一、安装电动机点动控制电路

按照表 1-7 所示的 I/O 地址分配表，参照图 1-19 所示的电动机点动控制电路硬件接线图，依次将点动控制电路的主电路、PLC 的电源、输出端、输入端的连线安装好。

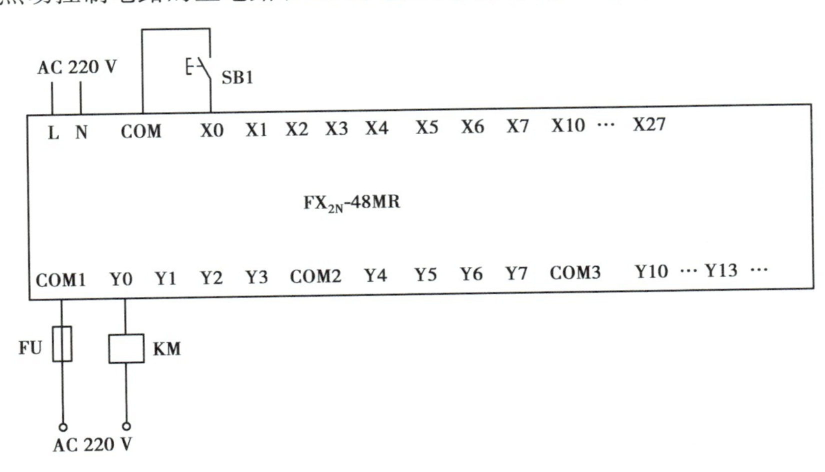

图 1-19　PLC 外部硬件控制电路部分接线图

1. 安装电动机点动控制的主电路

根据 PLC 电动机点动控制电路的硬件 I/O 接线图，依次将主电路部分的三相电源、断路器、交流接触器、电动机进行连线。

2. 安装电动机点动控制的 PLC 控制电路

根据 PLC 外部硬件控制电路部分接线图，完成电动机点动控制的 PLC 控制电路的接线。

(1)安装PLC电源线

三菱FX_{2N}系列PLC采用220 V交流电源供电,从实训台上将电源供电接到PLC主机的L、N接线端。

(2)安装PLC输入信号线

将按钮SB1的一端接在PLC的输入端X0上,将按钮SB1的另一端接在PLC输入的公共端COM上。

(3)安装PLC输出信号线

将交流接触器KM线圈的一端接在PLC的输出端Y0上,另一端接在交流220 V上。

二、下载程序

1.连接PLC通信接口线

将PLC通信接口线的一端与计算机连接,另一端与PLC的下载口连接。

2.下载程序

①选择GX Developer主界面"在线"菜单下的"PLC写入"命令,如图1-20所示。

②在打开的"PLC写入"对话框中,勾选"MAIN"复选框,单击"执行"按钮,如图1-21所示。

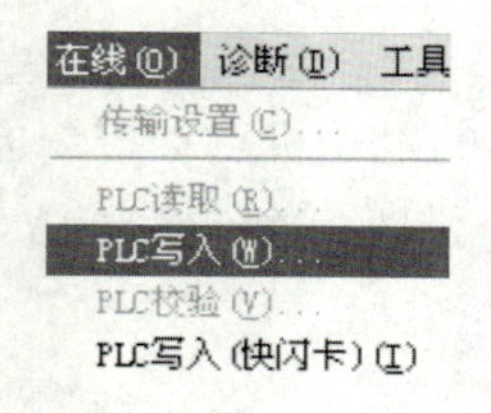

图1-20 "在线"菜单

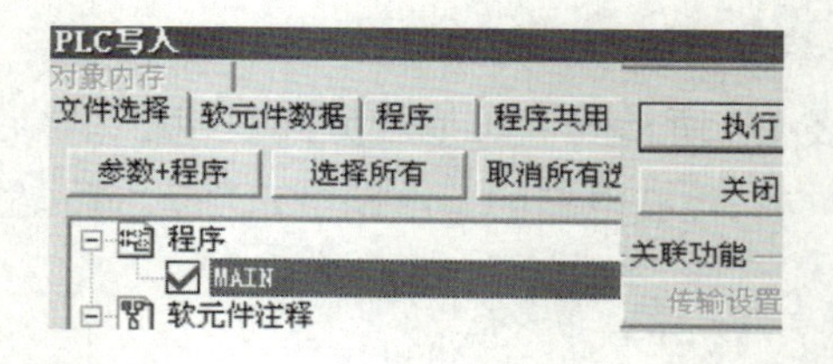

图1-21 "PLC写入"对话框

③弹出是否执行提示框,单击"是"按钮,如图1-22所示。

④等待"PLC写入"的进度条走完,如图1-23所示,单击"确定"按钮即可完成。

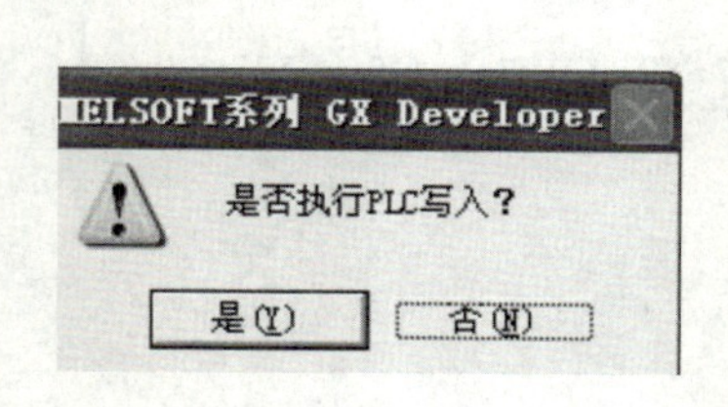

图1-22 确认"PLC写入"

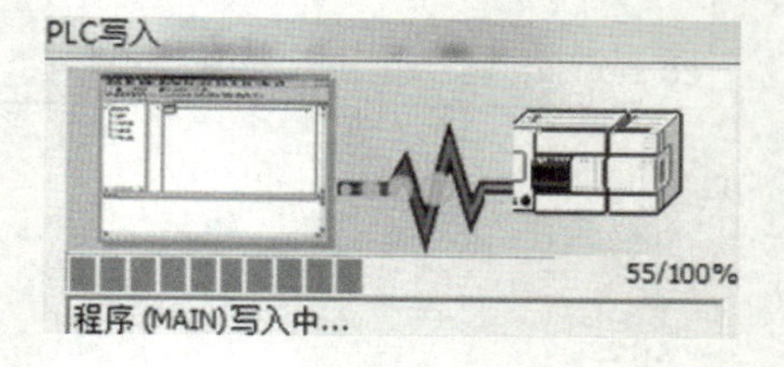

图1-23 "PLC写入"进度条

三、运行并调试PLC电动机点动控制电路

①检查电路:核对外部接线,确定外部接线无误。

②空载调试:在不接通主电路电源的情况下,将PLC的"STOP/RUN"开关置于"RUN"位置,按下按钮SB,观察PLC输入指示灯X0、输出指示灯Y0的状态。

③系统调试:接通主电路电源,合上断路器QF,分别观察接触器KM、电动机动作是否符合控制要求。按下启动按钮SB,电动机运转;松开按钮SB,电动机停转,任务完成。

▶任务练习

(1)新建 GX Developer 时,PLC 系列应选择________,PLC 类型应选择________。

(2)现有两台 10 kW 小功率电动机,按下启动按钮时,两台电动机同时运行,松开启动按钮时,两台电动机同时停止运行。试编程实现用 PLC 控制电动机启动和停止。

①根据控制要求,填写 I/O 地址分配表。

输入地址		输出地址	
SB1	X000		

②完成该控制的梯形图程序。

③打开 GX Developer 软件,进行联机调试。

▶任务评价

根据任务完成情况,如实填写任务评价表 1-10。

表 1-10 任务评价表

序号	评价要点	配分/分	得分/分	总评
1	能正确填写点动控制的 I/O 地址分配	10		A(80 分及以上)□ B(70~79 分) □ C(60~69 分) □ D(59 分及以下)□
2	能编写点动控制电路的程序	30		
3	能下载 PLC 程序	30		
4	能安装、调试点动控制硬件电路	10		
5	小组学习氛围浓厚,沟通协作好	10		
6	具有文明规范操作的职业习惯	10		
合计		100		
总结	完成本任务的收获	任务完成过程中遇到的问题	完成本任务的改进计划	

▶知识拓展

PLC 的编程语言

PLC 的用户程序是设计人员根据控制系统的工艺控制要求,通过 PLC 编程语言编程设计的。根据国际电工委员会制订的工业控制编程语言标准(IEC1131-3),PLC 编程语言包括以下 5 种:梯形图语言(LD)、指令表语言(IL)、功能模块图语言(FBD)、顺序功能流程图语言(SFC)和结构化文本语言(ST)。

1. 功能模块图语言

功能模块图语言是与数字逻辑电路类似的一种 PLC 编程语言。采用功能模块图的形式来表示模块所具有的功能,不同的功能模块有不同的功能。

2. 顺序功能流程图语言

顺序功能流程图语言是为了满足顺序逻辑控制而设计的编程语言。编程时将顺序流程动作的过程分成步和转换条件,根据转换条件对控制系统的功能流程顺序进行分配,一步一步地按照顺序动作执行。每一步代表一个控制功能任务,用方框表示。这种编程语言使程序结构清晰,易于阅读及维护,能大大减轻编程的工作量,缩短编程和调试时间,主要用于系统规模较大、程序关系较复杂的场合。

3. 结构化文本语言

结构化文本语言是一种用结构化的描述文本来描述程序的编程语言,主要用于其他编程语言较难实现的用户程序编制。

▶项目练习

(1)PLC 的全称是________________,它替代传统的________系统。

(2)PLC 主要由________、________、________、________、________等部分组成。

(3)FX_{1N}-60MT 表示________系列,I/O 总点数为________,其中输入点数为________,输出点数为________,采用________输出的________单元。

(4)PLC 使用得最多的图形编程语言是________________。

(5)某台 10 kW 小功率电动机,需要两地按钮同时按下才运转;有任一按钮松开,则电动机停止运行。要求如下:

①填写 I/O 分配表;

②画出外部接线图;

③编写 PLC 梯形图程序,并写出指令表;

④连接调试。

项目二　利用 PLC 实现电动机自锁控制

▶项目目标

知识目标

(1)了解电动机自锁控制电路的组成器件;

(2)理解电动机自锁控制电路的工作原理;

(3)掌握电动机自锁控制的 PLC 基本指令;

(4)掌握 PLC 电动机自锁控制设计的原则与步骤;

(5)掌握下载并调试 PLC 电动机自锁控制程序的方法。

技能目标

(1)能将电动机自锁电路原理图转换成 PLC 梯形图;

(2)能写出电动机自锁电路的 I/O 地址分配表和 PLC 外部接线图;

(3)能使用 PLC 编程软件编写控制电动机自锁的程序;

(4)能现场安装控制电动机自锁控制电路;

(5)能下载并调试 PLC 程序,实现电动机自锁控制。

思政目标

(1)激发学生的学习兴趣,训练学生良好的操作习惯,培养学生严谨的科学态度;

(2)培养学生的协作能力、耐挫能力、分析能力;

(3)培养学生的 7S 职业素养。

▶项目描述

在机械生产车间里,操作工人加工机械零件的时候,通常需要电动机能够持续工作以实现自动加工。本项目要求用 PLC 来实现对电动机的连续运行控制功能。

任务一　认识电动机自锁控制电路

▶任务描述

在电动机点动控制电路的基础上,将启动按钮与交流接触器的辅助常开触点并联,实现电动机的连续运转,这种控制方式称为“自锁”控制。本任务将学习电动机自锁控制的电路结构、工作原理。

▶任务准备

准备名称	准备内容	完成情况	负责人
实训工具	万用表		
实训器材	断路器、熔断器、热继电器、交流接触器、按钮、三相异步电动机		
学习资讯	教材、任务书		

▶任务实施

一、认识电动机自锁控制电路

电动机自锁控制电路由断路器、熔断器、交流接触器、热继电器、按钮以及三相异步电动机组成,电路图如图 2-1 所示。

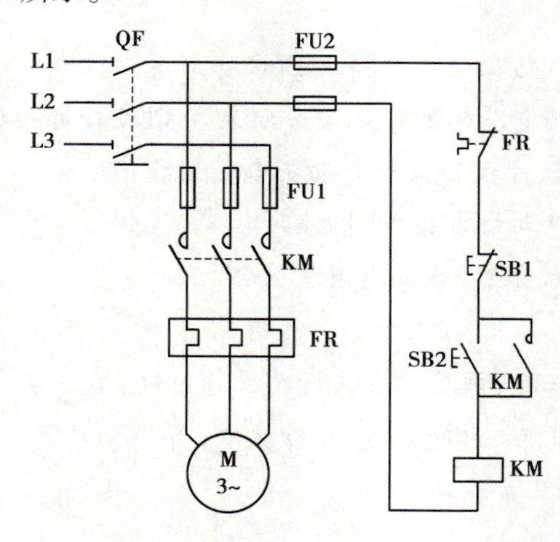

图 2-1　电动机自锁控制电路

热继电器

(1)概念及分类

热继电器是一种利用电流通过发热元件产生的热量使双金属片受热弯曲而推动触点动作的保护电器。

热继电器按动作方式分为双金属片式、热敏电阻式、易熔合金式及数字式等。使用最广泛的热继电器是双金属片式,它结构简单,成本较低,且具有良好的反时限特性,即电流越大,动作时间越短,电流与动作时间成反比。表 2-1 所示为不同品牌、不同类型的热继电器。

(2)功能

热继电器主要用于电动机的过载保护、断相保护以及电流不平衡运行保护,也可用于其他电气设备发热状态的控制。

(3)结构

双金属片式热继电器主要由热元件、触点系统、动作机构、复位按钮、整定装置组成,如

图 2-2 所示。

表 2-1　不同品牌、不同类型的热继电器

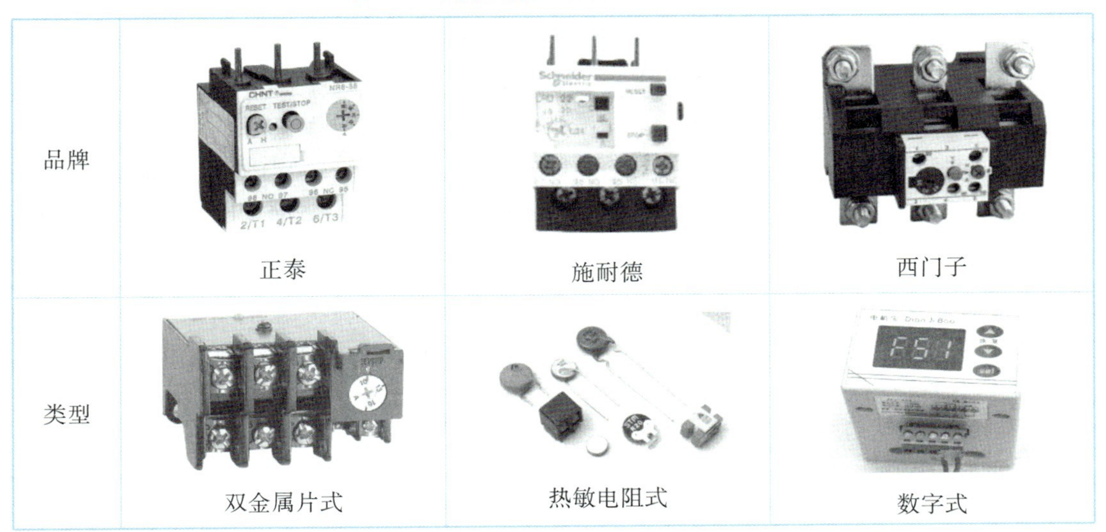

品牌	正泰	施耐德	西门子
类型	双金属片式	热敏电阻式	数字式

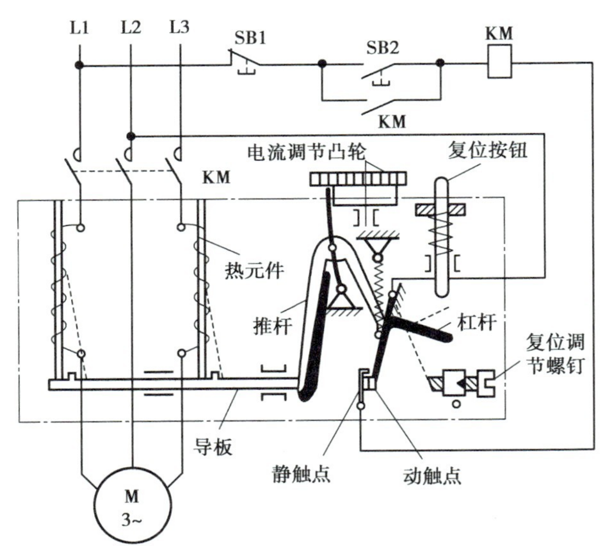

图 2-2　双金属片式热继电器的结构

(4)电路符号及参数

热继电器的电路符号如图 2-3 所示，热继电器的参数如图 2-4 所示。

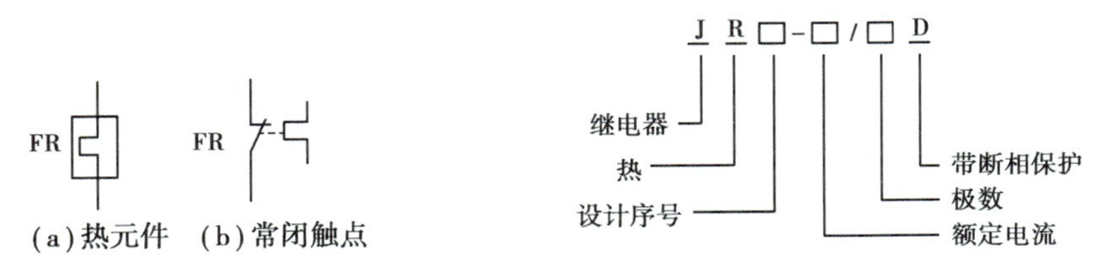

图 2-3　热继电器的电路符号　　　　图 2-4　热继电器的参数

(5)原理

热元件串联在主电路中,工作电流流过热元件,使双金属片发热弯曲变形,当电流过大(过载)时,双金属片弯曲变形加大,通过导板等推动机构使动触点动作,常闭触点断开,切断控制电路,并使主电路分断。

二、了解电动机自锁控制原理

合上电源开关 QF,按下启动按钮 SB2,接触器 KM 的线圈通电,其动合主触点闭合,动合辅助触点闭合,电动机 M 通电连续运转。在控制电路中与启动按钮 SB2 并联的辅助常开触点 KM 称为自锁触点,其作用是在 SB2 松开后,使接触器 KM 的线圈保持有电,形成自锁控制,以保持电动机 M 连续运转。

按下停止按钮 SB1,接触器 KM 线圈断电,使主触点断开,辅助触点断开,电动机 M 断电停止转动。

▶任务练习

(1)画出热继电器在电路中的电路符号和字母符号。

(2)简述电动机自锁控制的工作原理。

▶任务评价

根据任务完成情况,如实填写表 2-2。

表 2-2　任务评价表

<table>
<tr><th>序号</th><th colspan="2">评价要点</th><th>配分/分</th><th>得分/分</th><th>总评</th></tr>
<tr><td>1</td><td colspan="2">能认识组成电动机自锁控制电路所需的低压器件</td><td>20</td><td></td><td rowspan="7">A (80 分及以上) □
B (70 ~ 79 分) □
C (60 ~ 69 分) □
D (59 分及以下) □</td></tr>
<tr><td>2</td><td colspan="2">能简述电动机自锁控制电路中每个低压器件的文字符号的含义</td><td>20</td><td></td></tr>
<tr><td>3</td><td colspan="2">能画出电动机自锁控制电路原理图</td><td>20</td><td></td></tr>
<tr><td>4</td><td colspan="2">能简述电动机的自锁工作原理</td><td>20</td><td></td></tr>
<tr><td>5</td><td colspan="2">小组学习氛围浓厚,沟通协作好</td><td>10</td><td></td></tr>
<tr><td>6</td><td colspan="2">具有文明规范操作的职业习惯</td><td>10</td><td></td></tr>
<tr><td colspan="3">合计</td><td>100</td><td></td></tr>
<tr><td rowspan="2">总结</td><td>完成本任务的收获</td><td>任务完成过程中遇到的问题</td><td colspan="3">完成本任务的改进计划</td></tr>
<tr><td></td><td></td><td colspan="3"></td></tr>
</table>

任务二　编写电动机自锁控制电路程序

▶任务描述

通过本项目任务一的学习，对电动机自锁控制电路有了一定的认识。本任务将学习利用 PLC 的 ANI、OR 等指令编写 PLC 电动机自锁控制程序。

▶任务准备

准备名称	准备内容	完成情况	负责人
实训器材	计算机、三菱 FX_{2N}-48MR 型 PLC、GX Developer 软件		
学习资讯	教材、任务书		

▶知识准备

自锁基本指令见表 2-3。

表 2-3　自锁基本指令

助记符	指令名称	指令功能	梯形图表示法	指令表示法	程序步
AND	与	常开触点串接	X000 X002	LD X000 AND X002	1
ANI	与非	常闭触点串接	X000 X002	LD X000 ANI X002	1
OR	或	常开触点并接	X001 Y001	LD X001 OR Y001	1
ORI	或非	常闭触点并接	X001 Y001	LD X001 ORI Y001	1

▶任务实施

一、分配电动机自锁控制 I/O 地址

根据电动机自锁控制要求，可以确定自动控制电路的输入设备有 3 个，输出设备有 1 个，PLC 的 I/O 地址分配见表 2-4。

表 2-4　PLC 自锁控制电路 I/O 地址分配

输入端(I)				输出端(O)			
序号	输入设备	功能	端口编号	序号	输出设备	功能	端口编号
1	SB1	停止按钮	X000	1	接触器 KM	控制电动机 M	Y000
2	SB2	启动按钮	X001				
3	FR	过热保护	X002				

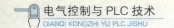

二、设计 PLC 自锁硬件 I/O 接线图

用 PLC 控制电路来取代图 2-1 中的控制电路部分，主电路不变动，绘制 I/O 接线图，如图 2-5 所示。

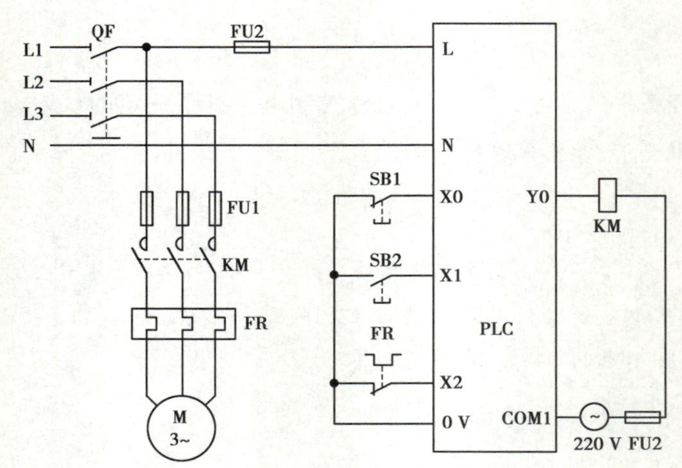

图 2-5　PLC 电动机自锁控制电路的 I/O 接线图

三、编写电动机自锁梯形图程序

1. 新建工程

使用 GX Developer 软件创建新工程，工程名称为“电动机自锁控制”，保存在 E 盘文件夹中。

2. 改造电动机自锁控制电路

将电动机自锁电路中控制电路部分的电气元件符号转换为 PLC 图形符号，然后根据电动机自锁电路 I/O 分配表，转换为对应的软元件符号，自锁基本指令见表 2-3，电动机自锁控制 PLC 改造控制电路如图 2-6 所示。

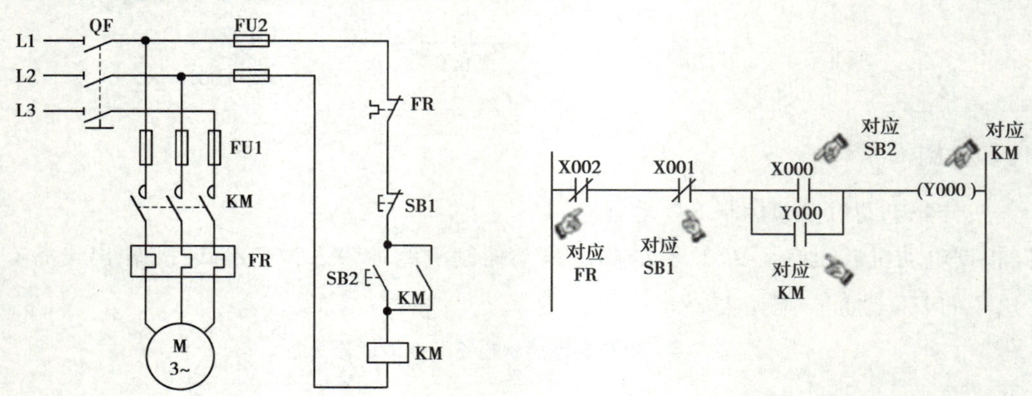

图 2-6　电动机自锁控制 PLC 改造控制电路

3. 录入自锁梯形图

根据电动机自锁控制 PLC 改造控制电路图，设计电动机自锁控制梯形图程序，如图 2-7 所示。将其录入到 GX Developer 的“电动机自锁控制”工程中。

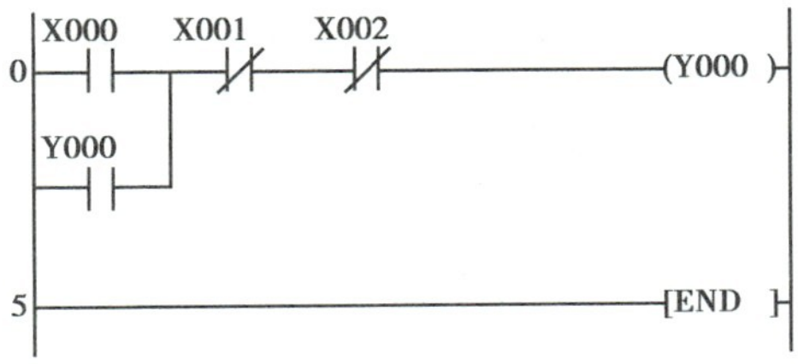

图 2-7　电动机自锁控制梯形图

4. 转换指令语句表

利用 GX Developer 软件，将电动机自锁控制电路的梯形图转为对应的指令语句表，并填写表 2-5。

表 2-5　对应的指令语句表

步序	操作码	操作数

5. 检查梯形图程序

选择“工具”→“程序检查”命令，弹出“程序检查”对话框，单击“程序检查”对话框中的“执行”按钮，对程序进行检查。程序检查完毕，如无误，则在“程序检查”对话框的空白处会显示“MAIN　没有错误”的信息。

▶任务练习

（1）热继电器在接入电路中时，主电路中接入的是________，控制电路中接入的是________。

（2）根据参考指令程序，编写出梯形图程序。

参考指令程序			梯形图程序
LD	X000	启动	
OR	Y000	保持	
ANI	X001	停止	
AND	X002		
OUT	Y000		
END			

▶任务评价

根据任务完成情况，如实填写表2-6。

表2-6　任务评价表

<table>
<tr><th>序号</th><th>评价要点</th><th>配分/分</th><th>得分/分</th><th>总评</th></tr>
<tr><td>1</td><td>能分配电动机自锁电路I/O地址并画出其外部接线图</td><td>10</td><td></td><td rowspan="7">A（80分及以上）□
B（70～79分）　□
C（60～69分）　□
D（59分及以下）□</td></tr>
<tr><td>2</td><td>能简述OR、ORI、AND、ANI基本指令的使用方法</td><td>30</td><td></td></tr>
<tr><td>3</td><td>能简述将传统控制电路转为PLC梯形图的方法</td><td>30</td><td></td></tr>
<tr><td>4</td><td>能将电动机自锁控制电路转换为PLC梯形图</td><td>10</td><td></td></tr>
<tr><td>5</td><td>小组学习氛围浓厚，沟通协作好</td><td>10</td><td></td></tr>
<tr><td>6</td><td>具有文明规范操作的职业习惯</td><td>10</td><td></td></tr>
<tr><td colspan="2">合计</td><td>100</td><td></td></tr>
<tr><td rowspan="2">总结</td><td>完成本任务的收获</td><td colspan="2">任务完成过程中遇到的问题</td><td>完成本任务的改进计划</td></tr>
<tr><td></td><td colspan="2"></td><td></td></tr>
</table>

任务三　安装并调试电动机自锁控制电路

▶任务描述

通过本项目任务二的学习，已经编写好PLC控制电动机自锁电路的程序，在此基础上，本任务将安装电动机自锁控制电路，下载电动机自锁控制的PLC程序，运行调试电路，实现电动机自锁控制的要求。

▶任务准备

准备名称	准备内容	完成情况	负责人
实训工具	万用表1块、梅花螺丝刀1把、剥线钳1把		
实训器材	计算机、GX Developer软件、三菱FX_{2N}-48MR型PLC、断路器、熔断器、交流接触器、热继电器、按钮、电动机		
学习资讯	教材、任务书		

▶任务实施

一、安装电动机自锁控制电路

按照电动机自锁控制的I/O地址分配表，参照电动机自锁控制电路硬件接线图（见图2-8），依次将自锁控制电路的主电路、PLC的电源、输出端、输入端的连线安装好。

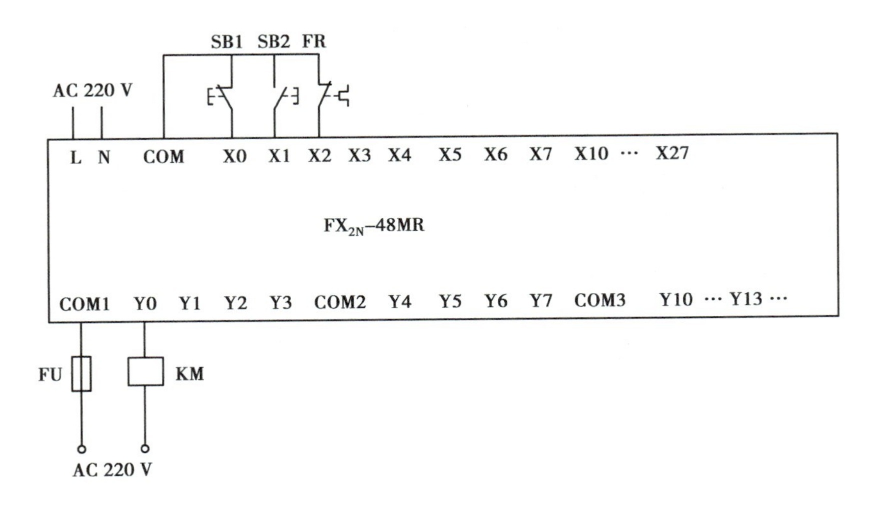

图 2-8　PLC 外部硬件控制电路部分接线图

1. 安装电动机自锁主电路

根据 PLC 电动机自锁控制电路的硬件 I/O 接线图,依次将主电路部分的三相电源、断路器、交流接触器、热继电器、接线端子、电动机进行连线。

2. 安装 PLC 电动机自锁控制电路

根据 PLC 外部硬件控制电路部分接线图,完成电动机自锁 PLC 控制电路的接线。

(1)安装 PLC 电源线

三菱 FX_{2N} 系列 PLC 采用220 V 交流电源供电,从实训台上将电源供电接到 PLC 主机的 L、N 接线端。

(2)安装 PLC 输入信号线

将按钮 SB1、SB2 和 FR 的一端分别接在 PLC 输入端 X0、X1、X2 上,将按钮 SB1、SB2 和 FR 的另一端都接在 PLC 输入的公共端 COM 上。

(3)安装 PLC 输出信号线

将交流接触器 KM 线圈的一端接在 PLC 的输出端 Y0 上,另一端接在交流 220 V 上。

二、下载程序

1. 连接 PLC 通信接口线

将 PLC 通信接口线的一端与计算机连接,另一端与 PLC 的下载口连接。

2. 下载程序

在计算机上打开 GX Developer 软件,调出编写好的“电动机自锁控制”梯形图程序,在确认该梯形图程序无误后,将编译好的程序下载写入 PLC 内部。

三、运行并调试电动机自锁 PLC 控制电路

①检查电路:核对外部接线,确定外部接线无误。

②空载调试:在不接通主电路电源的情况下,将 PLC 的“STOP/RUN”开关置于“RUN”位置, 按下按钮 SB2,观察 PLC 输入指示灯 X0、X1、X2 和输出指示灯 Y0 的状态。

③系统调试:接通主电路电源,合上断路器 QF, 分别观察接触器 KM、电动机的动作是

否符合控制要求。按下启动按钮 SB2，电动机运转，松开按钮 SB2，电动机保持连续运行；按下停止按钮 SB1，电动机停转，任务完成。

▶任务练习

现有一台小功率电动机，试设计一个 PLC 控制系统，要求完成两地启动电动机连续运转电路。

①根据控制要求，填写 I/O 地址分配表。

输入地址		输出地址	
SB1	X000		

②完成该控制的梯形图程序。

③打开 GX Developer 软件，进行联机调试。

▶任务评价

根据任务完成情况，如实填写表 2-7。

表 2-7　任务评价表

<table>
<tr><th>序号</th><th>评价要点</th><th>配分/分</th><th>得分/分</th><th colspan="2">总评</th></tr>
<tr><td>1</td><td>能绘制电动机自锁控制外部硬件接线图</td><td>10</td><td></td><td colspan="2" rowspan="7">A（80 分及以上）□
B（70～79 分）□
C（60～69 分）□
D（59 分及以下）□</td></tr>
<tr><td>2</td><td>能编写电动机自锁控制的 PLC 程序</td><td>30</td><td></td></tr>
<tr><td>3</td><td>能下载电动机自锁控制的 PLC 程序</td><td>30</td><td></td></tr>
<tr><td>4</td><td>能运行调试电动机自锁控制的 PLC 程序</td><td>10</td><td></td></tr>
<tr><td>5</td><td>小组学习氛围浓厚，沟通协作好</td><td>10</td><td></td></tr>
<tr><td>6</td><td>具有文明规范操作的职业习惯</td><td>10</td><td></td></tr>
<tr><td colspan="2">合计</td><td>100</td><td></td></tr>
<tr><td rowspan="2">总结</td><td>完成本任务的收获</td><td colspan="2">任务完成过程中遇到的问题</td><td colspan="2">完成本任务的改进计划</td></tr>
<tr><td></td><td colspan="2"></td><td colspan="2"></td></tr>
</table>

▶知识拓展

三菱 FX_{2N} 系列 PLC 块操作指令(ORB / ANB)

三菱 FX_{2N} 系列共有 27 条基本逻辑指令，其中包含了子系列 PLC 的 20 条基本逻辑指令。

一、块操作指令 ORB

ORB 指令(或块)用于两个或两个以上触点串联连接的电路之间的并联。ORB 指令的使用如图 2-9 所示。

0	LD	X0
1	AND	X1
2	LD	X2
3	AND	X3
4	ORB	
5	LDI	X4
6	AND	X5
7	ORB	
8	OUT	Y6

0	LD	X0
1	AND	X1
2	LD	X2
3	AND	X3
4	LDI	X4
5	AND	X5
6	ORB	
7	ORB	
8	OUT	Y6

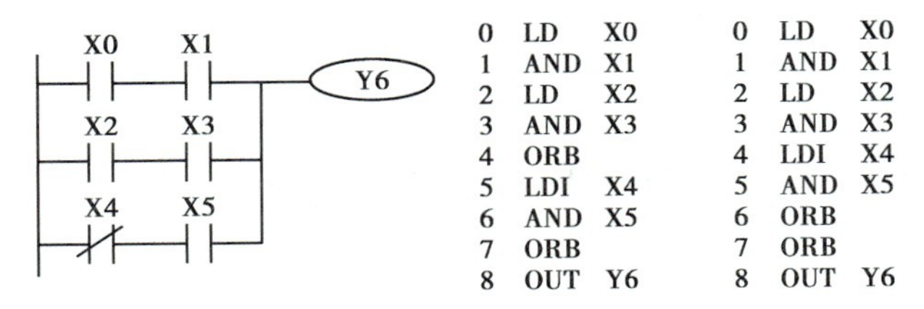

图 2-9　ORB 指令的使用

使用说明如下：

- 几个串联电路块并联连接时，每个串联电路块开始时应该用 LD 或 LDI 指令。
- ORB 指令也可以连续使用，但连续次数不能超过 8 次。

二、块操作指令 ANB

ANB 指令(或块)用于两个或两个以上触点并联连接的电路之间的串联。ANB 指令的使用如图 2-10 所示。

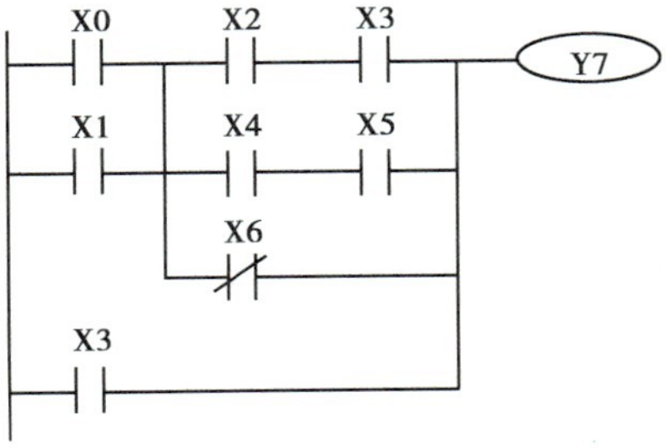

0	LD	X0
1	OR	X1
2	LD	X2
3	AND	X3
4	LD	X4
5	AND	X5
6	ORI	X6
7	ORB	
8	ANB	
9	OR	X3
10	OUT	Y7

图 2-10　ANB 指令的使用

使用说明如下：

- 并联电路块串联连接时，并联电路块的开始均用 LD 或 LDI 指令。
- ANB 指令也可连续使用，但连续使用次数不能超过 8 次。

▶项目练习

(1)请写出以下指令的名称、功能、梯形图表示法、指令表示法和程序步骤。

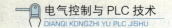

操作码	名称	功能	梯形图表示法	指令表示法	程序步骤
AND					
ANI					
OR					
ORI					

(2)简述 PLC 设计电动机自锁控制电路的步骤。

(3)现有一台小功率电动机,试设计一个 PLC 控制系统,要求电动机既能点动运转,也能连续运转。

①填写 I/O 分配表。

②画出外部接线图。

③编写 PLC 梯形图程序,并写出指令表。

④完成外部接线,程序写入 PLC,监视调试程序。

项目三　利用 PLC 实现电动机正反转控制

▶项目目标

知识目标

(1)了解电动机正反转控制电路中的低压器件;

(2)理解电动机正反转控制电路的工作原理;

(3)掌握电动机正反转控制的 PLC 基本指令;

(4)掌握 PLC 电动机正反转控制的设计原则与步骤;

(5)掌握下载并调试 PLC 电动机正反转控制程序的方法。

技能目标

(1)能将电动机正反转控制电路原理图转换成 PLC 梯形图;

(2)能写出电动机正反转控制的 I/O 地址分配表和画出 PLC 外部接线图;

(3)能使用 PLC 编程软件编写电动机正反转控制的程序;

(4)能现场安装控制电动机正反转控制电路;

(5)能下载并调试 PLC 程序,实现电动机的正反转控制。

思政目标

(1)激发学生的学习兴趣,训练学生良好的操作习惯,培养学生严谨的科学态度;

(2)培养学生好学向上、积极动手、团结协作、吃苦耐劳等良好品质;

(3)培养学生的 7S 职业素养。

▶项目描述

生产设备常常需要完成上下、左右、前后等正反方向的运动,如机床工作台的前进与后退、机床主轴的正转与反转、起重机的上升与下降等,都要求电动机能实现正反转控制。图 3-1 所示为一辆移动式起重机,其卷扬的上升和下降是利用电动机的正反转实现的。本项目以电动机正反转 PLC 控制电路为载体,在实训室完成此电路的设计与调试,使学生体验 PLC 控制优势。

图 3-1　移动式起重机

任务一　认识电动机正反转控制电路

▶任务描述

通过改变通入电动机定子绕组的三相电源相序，即把接入电动机的三相电源进线中的任意两根对调，电动机从正转变为反转。本任务将学习电动机正反转控制的电路结构和工作原理。

▶任务准备

准备名称	准备内容	完成情况	负责人
实训工具	万用表		
实训器材	断路器、熔断器、热继电器、交流接触器、中间继电器、按钮、三相异步电动机		
学习资讯	教材、任务书		

▶任务实施

一、认识电动机正反转控制原理图

电动机正反转控制电路由断路器、熔断器、两个交流接触器、三相异步电动机、热继电器和按钮等组成，电路图如图3-2所示。

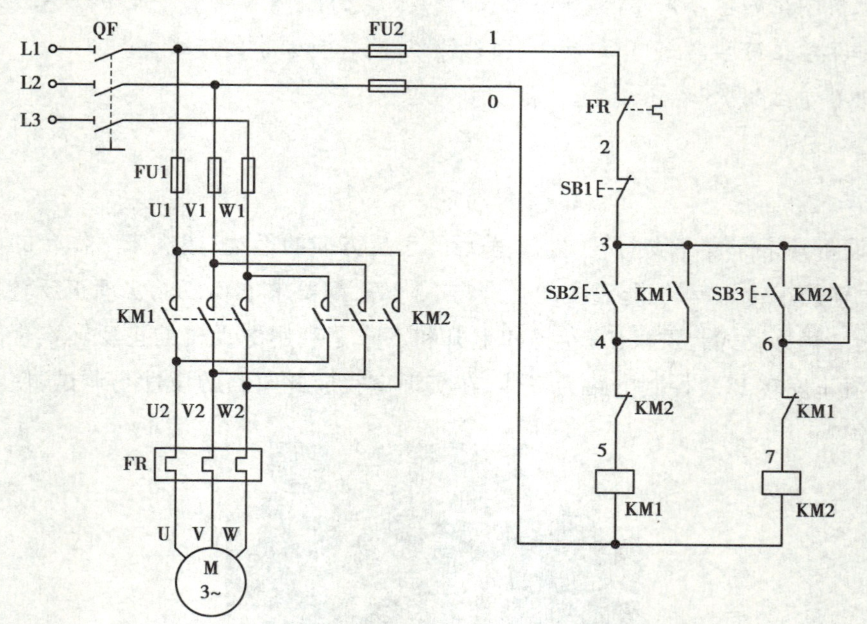

图3-2　接触器互锁正反转控制电路

二、认识中间继电器

(1)概念

中间继电器用于继电保护与自动控制系统中,以增加触点的数量及容量。它主要用于在控制电路中传递中间信号。

中间继电器的结构和原理与交流接触器基本相同,与接触器的主要区别在于:接触器的主触头可以通过大电流,而中间继电器的触头只能通过小电流。所以,它只能用于控制电路。它一般是没有主触点的,因为过载能力比较小。它用的全部都是辅助触头,数量比较多。

根据中间继电器接线说明,为线圈两端接入 220 V 或者 24 V 等电压,继电器线圈通电,触点会动作,常开触点闭合,常闭触点断开。例如,ZX-22F(D)/2Z 型正泰中间继电器的外形和端子接线说明如图 3-3 所示。

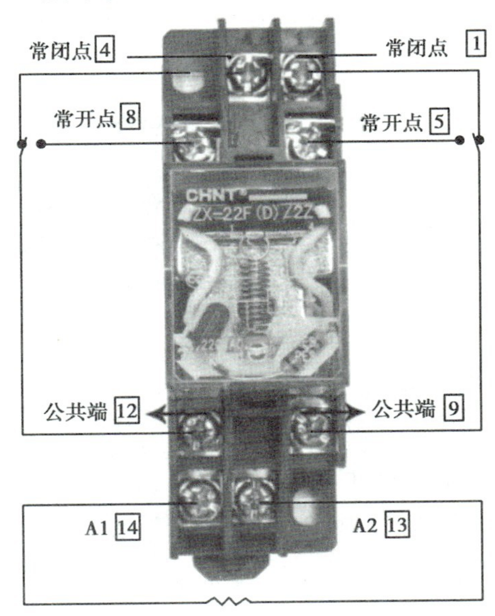

图 3-3　ZX-22F(D)/2Z 型正泰中间继电器的外形和端子接线说明

(2)功能

- 隔离:控制系统的输出信号与负载端电气隔离。
- 转换:比如控制系统输出信号为 DC24 V,但负载使用 AC220 V 供电,对于输入,可逆。
- 放大:控制器输出信号的带负载的能力有限,在 mA 或者数 A 的级别,如果需要更大电流的负载,只能通过中间继电器来转换。

(3)结构

中间继电器由固定衔铁、铁芯、弹簧、动触头、静触头、吸引线圈、接线端子和外壳组成,如图 3-4 所示。

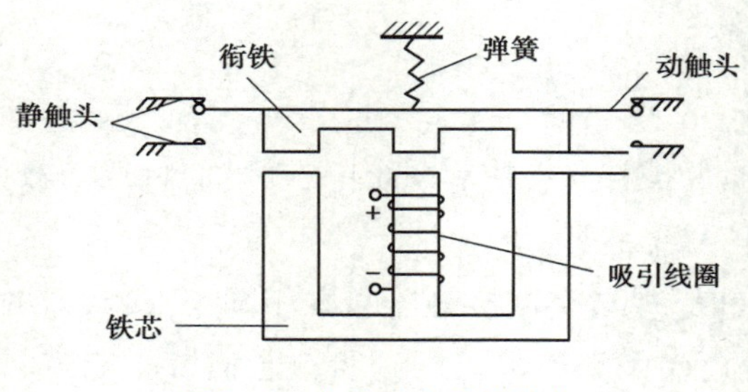

图 3-4　中间继电器的结构

(4)符号

中间继电器的电路符号如图 3-5 所示。

(5)工作原理

中间继电器线圈通电,动铁芯在电磁力作用下吸合,带动动触点动作,使常闭触点分开,常开触点闭合;线圈断电,动铁芯在弹簧的作用下带动动触点复位,如图 3-6 所示。

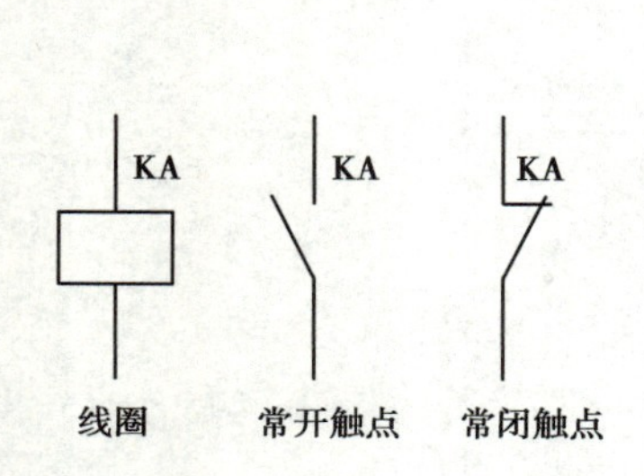

图 3-5　中间继电器的电路符号

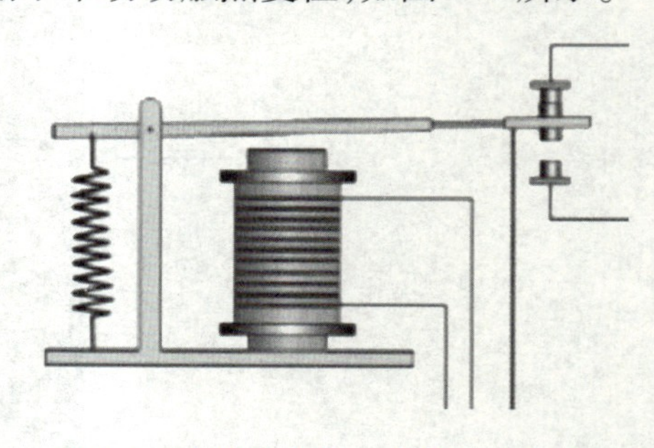

图 3-6　中间继电器工作原理示意图

三、了解电动机正反转控制原理

电动机正反转工作过程及原理分析如下:

先合上电源开关 QF,为电动机启动做好准备。

按下正转按钮 SB2,使线圈 KM1 通电,KM1 触点闭合,主触点接通,电动机正转;辅助触点 KM1 接通,松开 SB2,电动机保持正转。

按下停止按钮 SB1,KM1 线圈失电,触点断开,电动机停止正转。

按下反转按钮 SB3,使线圈 KM2 通电,KM2 触点闭合,主触点接通,电动机反转;辅助触点 KM2 接通,松开 SB3,电动机保持反转。

按下停止按钮 SB1,KM2 线圈失电,触点断开,电动机停止反转。

当一个触点得电动作时,通过其辅助常闭触头使另一个接触器不能得电动作,接触器的这种相互制约称为接触器连锁或接触器互锁。

注意:接触器 KM1 和 KM2 的主触头绝对不允许同时闭合,否则将造成两相电源短路事故。为了避免 KM1 和 KM2 同时得电动作,在正反转电路中分别串接了对方接触器的一对辅助常闭触点。

▶任务练习

(1)简述电动机互锁控制的工作原理。

(2)请查阅资料,除了接触器连锁实现互锁功能,还有哪些方式也可以实现互锁功能?

▶任务评价

根据任务完成情况,如实填写表 3-1。

表 3-1　任务评价表

<table>
<tr><th>序号</th><th colspan="2">评价要点</th><th>配分/分</th><th>得分/分</th><th>总评</th></tr>
<tr><td>1</td><td colspan="2">能认识电动机正反转控制电路中所需的低压器件</td><td>10</td><td></td><td rowspan="7">A(80 分及以上)□
B(70~79 分)□
C(60~69 分)□
D(59 分及以下)□</td></tr>
<tr><td>2</td><td colspan="2">能简述电动机正反转控制电路的工作原理</td><td>30</td><td></td></tr>
<tr><td>3</td><td colspan="2">能画出电动机互锁控制电路的原理图</td><td>30</td><td></td></tr>
<tr><td>4</td><td colspan="2">能简述互锁控制工作原理</td><td>10</td><td></td></tr>
<tr><td>5</td><td colspan="2">小组学习氛围浓厚,沟通协作好</td><td>10</td><td></td></tr>
<tr><td>6</td><td colspan="2">具有文明规范操作职业习惯</td><td>10</td><td></td></tr>
<tr><td colspan="3">合计</td><td>100</td><td></td></tr>
<tr><td rowspan="2">总结</td><td>完成本任务的收获</td><td>任务完成过程中遇到的问题</td><td colspan="3">完成本任务的改进计划</td></tr>
<tr><td></td><td></td><td colspan="3"></td></tr>
</table>

任务二　编写电动机正反转控制电路程序

▶任务描述

根据三相异步电动机互锁控制电气原理图设计出三相异步电动机互锁控制 PLC 控制电路。本任务将学习利用 PLC 的辅助继电器 M 指令编写 PLC 电动机正反转控制的程序。

▶任务准备

准备名称	准备内容	完成情况	负责人
实训器材	计算机、三菱 FX_{2N}-48MR 型 PLC		
学习资讯	教材、任务书		

▶知识准备

软元件 M 类似于继电—接触器控制系统中的中间继电器，在 PLC 编程时作为辅助元件。其工作原理和软元件 Y 相同，线圈通电，触点立即动作；线圈断电，触点立即复位。FX_{2N}-48MR 的辅助继电器采用十进制编码，其类型见表 3-2。

表 3-2　辅助继电器的类型

类型	点数范围	备注
一般用辅助继电器	M0 ~ M499	500 点，停电不能保持当前状态
停电保持用辅助继电器	M500 ~ M1023	524 点，停电能保持当前状态
特殊用辅助继电器	M8000 ~ M8255	256 点

软元件 Y 可以直接驱动外部负载，而软元件 M 不可以，程序示例如图 3-7 所示。

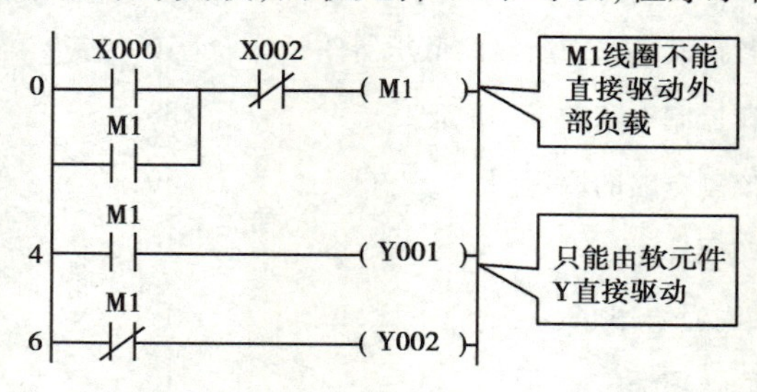

图 3-7　一般辅助继电器功能

▶任务实施

一、分配电动机正反转控制电路 I/O 地址

根据电动机正反转控制要求，可以确定自动控制电路的输入设备有 4 个，输出设备有 2 个，PLC 的 I/O 地址分配见表 3-3。

表 3-3　PLC 正反转控制电路 I/O 地址分配

输入端(I)				输出端(O)			
序号	输入设备	功能	端口编号	序号	输出设备	功能	端口编号
1	SB1	停止按钮	X001	1	中间继电器 KA1 线圈	控制 KM1 线圈是否得电	Y001
2	SB2	正转启动按钮	X002	2	中间继电器 KA2 线圈	控制 KM2 线圈是否得电	Y002
3	SB3	反转启动按钮	X003				
4	FR 常闭触点	过载保护	X004				

二、设计 PLC 电动机正反转控制电路 I/O 接线图

PLC 正反转控制电路硬件 I/O 接线图如图 3-8 所示。

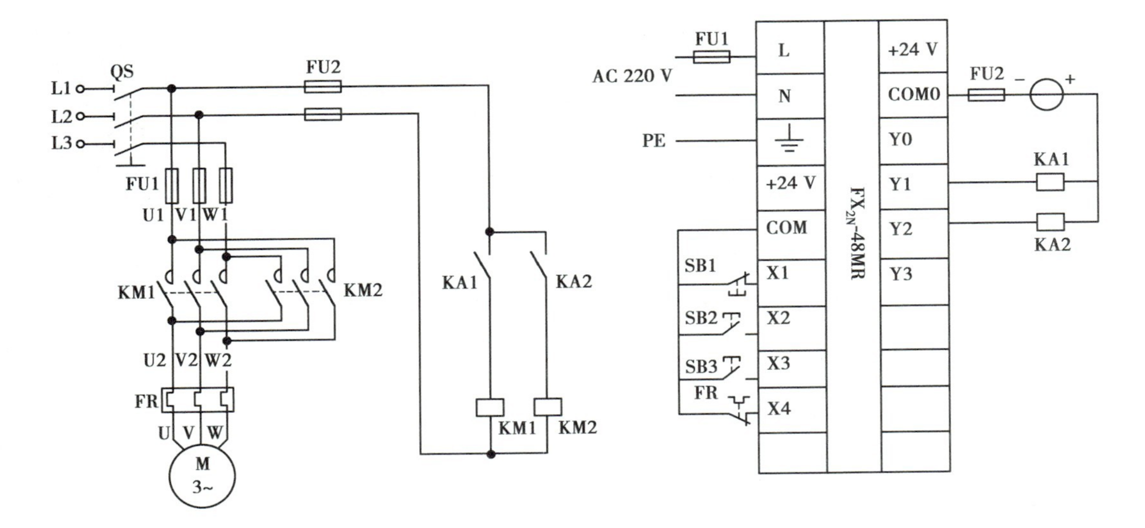

图 3-8　PLC 正反转控制电路硬件 I/O 接线图

三、编写 PLC 电动机正反转控制梯形图程序

1. 新建工程

使用 GX Developer 软件创建新工程，工程名称为“电动机正反转控制”，保存在 E 盘文件夹中。

2. 改造电动机正反转控制电路

将电动机正反转电路中控制电路部分的电气元件符号转换为 PLC 图形符号，然后根据电动机正反转控制电路 I/O 分配表，转换为对应的软元件符号，如图 3-9 所示。

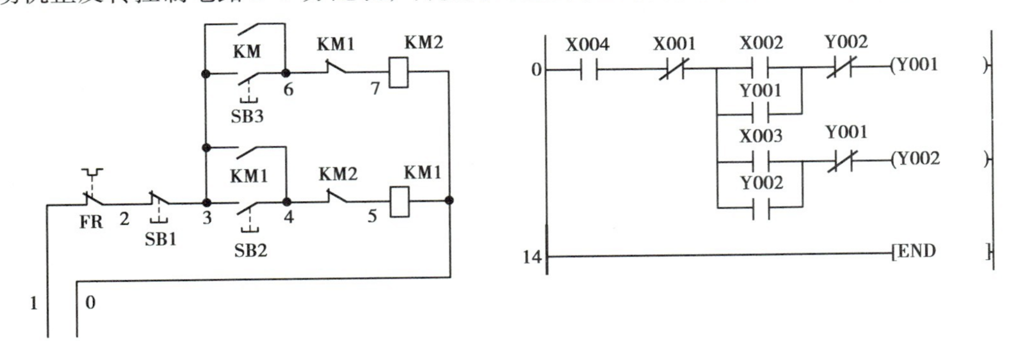

图 3-9　电动机正反转控制 PLC 改造电路

3. 录入正反转控制梯形图

根据电动机自锁控制 PLC 改造控制电路图，优化程序，为了避免大功率设备故障烧毁 PLC 触点，引入了中间继电器 KA1 和 KA2，分别对应软元件 M1 和 M2，优化后的程序如图 3-10所示。将其录入到 GX Developer 的“电动机正反转控制”工程中。

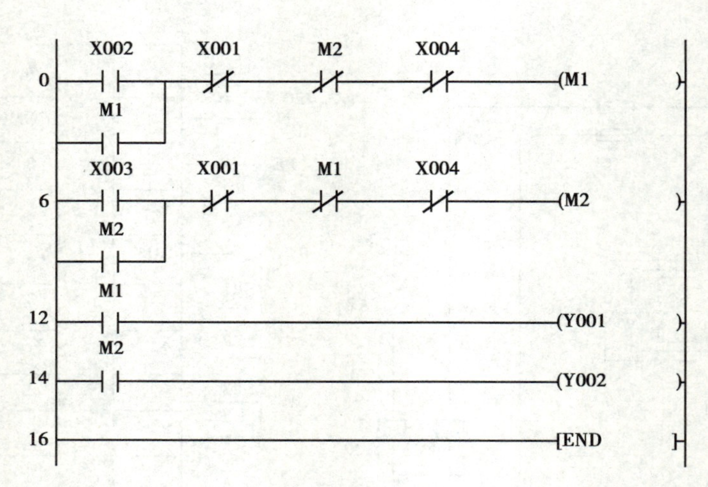

图 3-10　正反转控制电路梯形图

4. 转换指令语句表

利用 GX Developer 软件，将电动机正反转控制电路的梯形图转为对应的指令语句表，并填写表 3-4。

表 3-4　对应的指令语句表

步序	操作码	操作数	步序	操作码	操作数

5. 检查梯形图程序

选择“工具”→“程序检查”命令，弹出“程序检查”对话框，单击“程序检查”对话框中的“执行”按钮，对程序进行检查。程序检查完毕，如无误，在“程序检查”对话框的空白处会显示“MAIN　没有错误”的信息。

▶任务练习

(1) 软元件 M 能直接驱动外部负载吗？

（2）请描述以下梯形图程序实现的是什么功能？如何实现的？

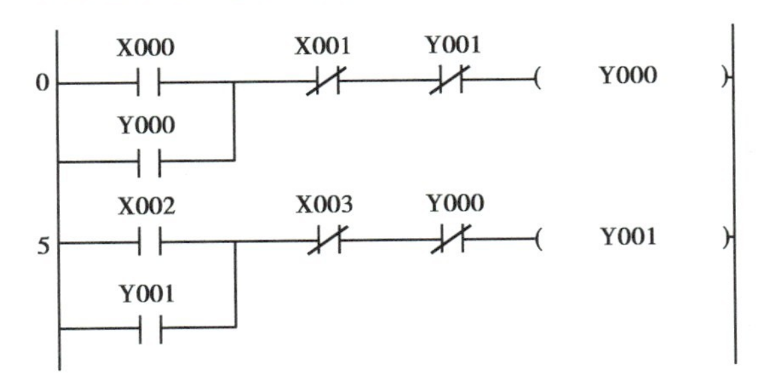

▶任务评价

根据任务完成情况，如实填写表 3-5。

表 3-5　任务评价表

<table>
<tr><th>序号</th><th>评价要点</th><th>配分/分</th><th>得分/分</th><th>总评</th></tr>
<tr><td>1</td><td>能正确填写电动机正反转 PLC 控制的 I/O 地址</td><td>10</td><td></td><td rowspan="7">A（80 分及以上）□
B（70～79 分）　□
C（60～69 分）　□
D（59 分及以下）□</td></tr>
<tr><td>2</td><td>能简述设计电动机正反转 PLC 控制的方法</td><td>30</td><td></td></tr>
<tr><td>3</td><td>能简述辅助继电器 M 指令的使用方法</td><td>30</td><td></td></tr>
<tr><td>4</td><td>能将正反转控制电路转为 PLC 梯形图</td><td>10</td><td></td></tr>
<tr><td>5</td><td>小组学习氛围浓厚，沟通协作好</td><td>10</td><td></td></tr>
<tr><td>6</td><td>具有文明规范操作的职业习惯</td><td>10</td><td></td></tr>
<tr><td colspan="2">合计</td><td>100</td><td></td></tr>
<tr><td rowspan="2">总结</td><td>完成本任务的收获</td><td>任务完成过程中遇到的问题</td><td colspan="2">完成本任务的改进计划</td></tr>
<tr><td></td><td></td><td colspan="2"></td></tr>
</table>

任务三　安装并调试电动机正反转控制电路

▶任务描述

通过本项目任务二的学习，已经编写好 PLC 电动机正反转控制电路的程序，在此基础上，本任务将安装电动机正反转控制电路，下载电动机正反转控制的 PLC 程序，运行调试电路，实现电动机正反转控制的要求。

▶任务准备

准备名称	准备内容	完成情况	负责人
实现工具	万用表1块、梅花螺丝刀1把、剥线钳1把		
实训器材	计算机、GX Developer软件、三菱 FX_{2N}-48MR型PLC、断路器、熔断器、交流接触器、热继电器、按钮、中间继电器、电动机		
学习资讯	教材、任务书		

▶任务实施

一、安装电动机正反转控制电路

按照电动机正反转控制的I/O地址分配表,参照电动机正反转控制电路硬件接线图(见图3-8),依次将正反转控制电路的主电路、PLC的电源、输出端、输入端的连线安装好。

1.安装电动机正反转控制主电路

依次将主电路部分的三相电源、空气开关、断路器、两个交流接触器、热继电器、接线端子、三相异步电动机、中间继电器进行连线。

2.安装电动机正反转控制电路

根据PLC外部硬件控制电路部分接线图,完成电动机正反转PLC控制电路接线。

(1)安装PLC电源线

三菱 FX_{2N} 系列PLC采用220 V交流电源供电,从实训台上将电源供电接到PLC主机的L、N接线端。

(2)安装PLC输入信号线

将按钮SB1、SB2、SB3、FR的一端分别接在PLC输入端X1、X2、X3、X4上,将按钮SB1、SB2、SB3、FR的另一端都接在PLC输入的公共端COM上。

(3)安装PLC输出信号线

将中间继电器KA1、KA2线圈的一端分别接在PLC的输出端Y1、Y2上,另一端接在交流220 V上。

二、下载程序

1.连接PLC通信接口线

将PLC通信接口线的一端与计算机连接,另一端与PLC的下载口连接。

2.下载程序

在计算机上打开GX Developer软件,调出编写好的“电动机正反转控制”梯形图程序,在确认该梯形图程序无误后,将编译好的程序下载写入PLC内部。

三、运行并调试电动机正反转PLC控制电路

①检查电路:核对外部接线,确定外部接线无误。

②空载调试:在不接通主电路电源的情况下,将PLC的“STOP/RUN”开关置于“RUN”位置,分别按下按钮SB1、SB2、SB3,观察PLC输出指示灯Y1、Y2的状态。

③系统调试：接通主电路电源，合上断路器 QF，分别观察接触器 KM、电动机是否能完成正转、停止和反转。

▶任务练习

设计 2 组抢答器控制程序。

控制要求如下：

- 每一组都有一个抢答按钮和一个指示灯，当其中任何一组最先按下抢答按钮时，该组指示灯被点亮，其他组按钮在之后按下则无效。
- 一轮抢答结束，主持人按下总复位按钮，所有的指示灯熄灭，开始新一轮的抢答。

①设计 I/O 地址分配表，将表格内容补充完整。

输入端口分配		输出端口分配	
第一组抢答按钮		第一组抢答灯	
第二组抢答按钮		第二组抢答灯	
总复位按钮			

②完成梯形图设计，将设计的梯形图画在下面。

③打开 GX Developer 软件，进行联机调试。

▶任务评价

根据任务完成情况，如实填写表 3-6。

表 3-6　任务评价表

序号	评价要点	配分/分	得分/分	总评
1	能正确安装电动机正反转控制电路	10		A（80 分及以上）□ B（70～79 分）□ C（60～69 分）□ D（59 分及以下）□
2	能编写电动机正反转控制的 PLC 程序	30		
3	能下载电动机正反转控制的 PLC 程序	30		
4	能运行调试电动机正反转控制的 PLC 程序	10		
5	小组学习氛围浓厚，沟通协作好	10		
6	具有文明规范操作的职业习惯	10		
合计		100		
总结	完成本任务的收获	任务完成过程中遇到的问题	完成本任务的改进计划	

▶知识拓展

部分特殊辅助继电器

PLC 内有大量的特殊辅助继电器，它们都有各自的功能。FX_{2N} 系列中有 256 个特殊辅助继电器，可分成触点型和线圈型两大类。

1. 触点型特殊辅助继电器

触点型特殊辅助继电器的线圈由 PLC 自动驱动，用户只可使用其触点，见表 3-7。

表 3-7 部分触点型特殊辅助继电器

名称	编号	功能特点
运行监控	M8000	在 PLC 运行中接通
	M8001	在 PLC 运行中断开
初始化脉冲	M8002	仅在 PLC 运行开始时瞬间接通
	M8003	仅在 PLC 运行开始时瞬间断开
时钟脉冲发生器	M8011	产生 10 ms 时钟脉冲，自动闭合 5 ms，断开 5 ms 循环
	M8012	产生 100 ms 时钟脉冲，自动闭合 50 ms，断开 50 ms 循环
	M8013	产生 1 s 时钟脉冲，自动闭合 0.5 s，断开 0.5 s 循环
	M8014	产生 1 min 时钟脉冲，自动闭合 0.5 min，断开 0.5 min 循环

M8000、M8002、M8012 的波形图如图 3-11 所示。

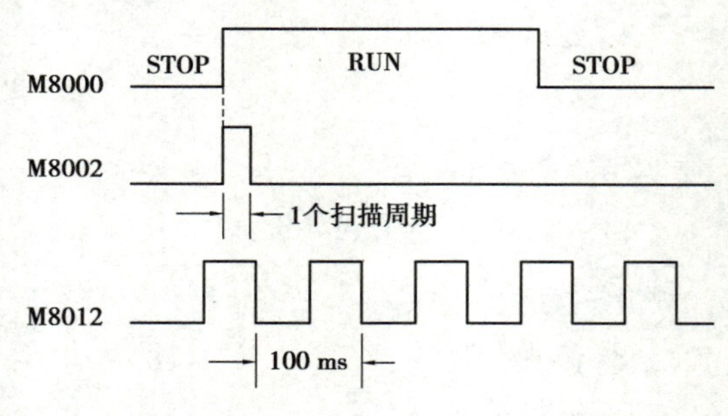

图 3-11 M8000、M8002、M8012 波形图

2. 线圈型特殊辅助继电器

线圈型特殊辅助继电器由用户程序驱动线圈后 PLC 执行特定的动作，见表 3-8。

表 3-8 部分线圈型特殊辅助继电器

名称	编号	功能特点
存储器保持停止	M8033	PLC 停止时保持输出映象存储器和数据寄存器的内容
所有输出禁止	M8034	PLC 的输出全部禁止
恒定扫描模式	M8039	PLC 按 D8039 中指定的扫描时间工作

▶项目练习

设计 3 组抢答器控制程序。

控制要求如下：

- 每一组都有一个抢答按钮和一个指示灯，当其中任何一组最先按下抢答按钮时，该组指示灯被点亮，其他组按钮在之后按下则无效。
- 一轮抢答结束，主持人按下总复位按钮，所有的指示灯熄灭，开始新一轮的抢答。

①设计 I/O 地址分配表，将表格内容补充完整。

输入端口分配		输出端口分配	
第一组抢答按钮		第一组抢答灯	
第二组抢答按钮		第二组抢答灯	
第三组抢答按钮		第三组抢答灯	
总复位按钮			

②完成梯形图设计，将设计的梯形图画在下面。

③打开 GX Developer 软件，进行联机调试。

项目四 PLC 实现电动机 Y-△降压启动控制

▶项目目标

知识目标

(1)了解电动机 Y-△降压启动控制电路的组成器件;

(2)理解三相异步电动机降压启动的作用及降压启动的方式;

(3)理解三相异步电动机 Y-△降压启动的工作原理;

(4)掌握三相异步电动机 Y-△降压启动的 PLC 基本指令;

(5)掌握下载并调试三相异步电动机 Y-△PLC 程序的方法。

技能目标

(1)能将 Y-△降压启动电路原理图转换成 PLC 梯形图;

(2)能写出 Y-△降压启动电路的 I/O 地址分配表和 PLC 外部接线图;

(3)能使用 PLC 编程软件编写控制电动机 Y-△降压启动的程序;

(4)能现场安装控制电动机 Y-△降压启动控制电路;

(5)能下载并调试 PLC 程序,实现电动机 Y-△降压启动控制。

思政目标

(1)激发学生的学习兴趣,训练学生良好的操作习惯,培养学生严谨的科学态度;

(2)培养学生的协作能力、耐挫能力,遇到困难能冷静思考,仔细排除故障;

(3)培养学生的 7S 职业素养。

▶项目描述

功率较大的三相异步电动机在使用过程中,由于启动时电流较大,会对电网产生一定的冲击,所以常常采用 Y-△降压启动方式。本项目将利用 PLC 的 SET · RST 指令完成三相异步电动机的 Y-△降压启动控制。

任务一 认识三相异步电动机 Y-△降压启动电路

▶任务描述

电动机的启动电流是正常工作电流的 4 ~7 倍,启动电流过大会产生一系列后果,可以用 Y-△降压启动缓解电网所受的冲击。本任务将学习三相异步电动机 Y-△降压启动电路的电路结构、工作原理。

▶任务准备

准备名称	准备内容	完成情况	负责人
实训工具	万用表 1 块		
实训器材	断路器、熔断器、热继电器、交流接触器、按钮、三相异步电动机		
学习资讯	教材、任务书		

▶任务实施

一、认识三相异步电动机 Y-△降压启动控制电路

电动机 Y-△降压启动控制电路由断路器、熔断器、3 个交流接触器、热继电器、电动机、按钮组成，电路图如图 4-1 所示。

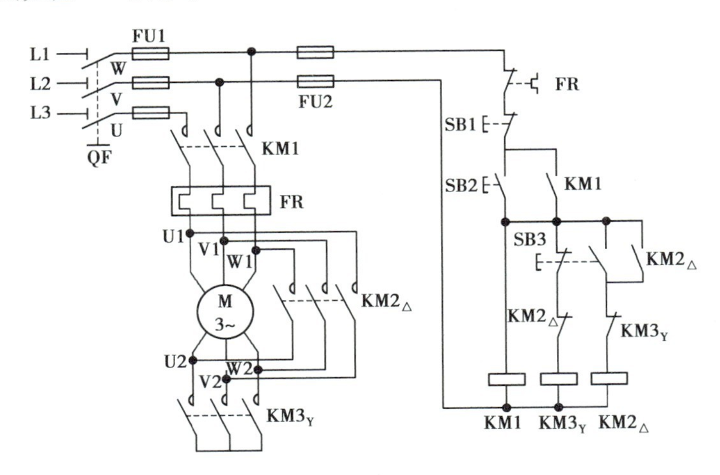

图 4-1 传统继电器控制三相异步电动机 Y-△降压启动控制电路

二、了解三相异步电动机 Y-△控制电路原理

1. 工作过程及原理

先合上电源开关 QF，为电动机启动做好准备。

按下启动按钮 SB2，使线圈 KM1 通电，KM1 主触点接通，KM1 辅助触点闭合，KM1 与 SB2 为自锁电路；同时，$KM3_Y$ 线圈通电，$KM3_Y$ 主触点接通，$KM3_Y$ 辅助触点断开，电动机成 Y 型启动。

按下按钮 SB3，$KM3_Y$ 线圈失电，$KM3_Y$ 主触点断开；同时，$KM2_△$ 线圈通电，$KM2_△$ 辅助触点闭合，$KM2_△$ 主触点接通，电动机成△运行。

按下停止按钮 SB1，KM1 线圈失电，KM1 主触点断开，电动机停止运行。

2. PLC 控制三相异步电动机 Y-△降压启动的工作流程

①按下启动按钮 SB2→KM1 得电→
- $KM3_Y$得电→电动机呈Y型启动。
- 按下SB3→$KM3_Y$失电→$KM2_△$得电→电动机呈△启动。

②按下停止按钮 SB1，电动机停止运行。

注意:接触器 $KM2_{\triangle}$ 和 $KM3_{Y}$ 的主触头绝对不允许同时闭合,否则将造成两相电源短路事故。为了避免 $KM2_{\triangle}$ 和 $KM3_{Y}$ 同时得电动作,在电路中分别串接了对方接触器的一对辅助常闭触点。

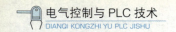

▶任务练习

(1)采用降压启动时,启动电流会下降,________也会下降,因此降压启动只适合必须减小启动电流而又对启动转矩要求不高的场合。

(2)三相异步电动机定子绕组的连接有________连接与________连接两种方式。

(3)三相异步电动机 Y 连接时,电动机每相绕组承受的电压为________ V。三相异步电动机△连接时,电动机每相绕组承受的电压为________ V。

▶任务评价

根据任务完成情况,如实填写表 4-1。

表 4-1　任务评价表

序号	评价要点	配分/分	得分/分	总评
1	能认识 Y-△降压启动所需的低压器件	10		A (80 分及以上) □ B (70 ~ 79 分) □ C (60 ~ 69 分) □ D (59 分及以下) □
2	能简述 Y-△降压启动所需低压器件的作用	30		
3	能绘制 Y-△降压启动电路原理图	30		
4	能简述 Y-△降压启动的工作原理	10		
5	小组学习氛围浓厚,沟通协作好	10		
6	具有文明规范操作的职业习惯	10		
合计		100		
总结	完成本任务的收获	任务完成过程中遇到的问题	完成本任务的改进计划	

任务二　编写三相异步电动机 Y-△降压启动控制电路程序

▶任务描述

通过本项目任务一的学习,对电动机 Y-△降压启动控制电路有了一定的认识。本任务将采用 PLC 的置位指令 SET、复位指令 RST,编写 PLC 三相异步电动机 Y-△降压启动控制电路程序。

▶任务准备

准备名称	准备内容	完成情况	负责人
实训器材	计算机、三菱 FX_{2N}-48MR 型 PLC、GX Developer 软件		
学习资讯	教材、任务书		

▶知识准备

FX_{2N}系列 PLC 的基本指令：置位指令与复位指令见表 4-2。

表 4-2　置位指令和复位指令

操作码	名称	指令功能	梯形图表示法	指令表示法	程序步
SET	置位	使操作保持	X001 [SET Y001]	SET Y1	Y、M：1 S、特 M：2
RST	复位	使操作复位或清理	X002 [RST Y001]	RST Y1	D、V、Z、特 D：3 T、C：2
ZRST	区间复位	成批复位	X001 [ZRST Y001 Y007]	ZRST Y1 Y7	Y、M、S、T、C、D：5

同一软元件可以多次使用 SET、RST 指令，其梯形图、时序图、指令表如图 4-2 所示。

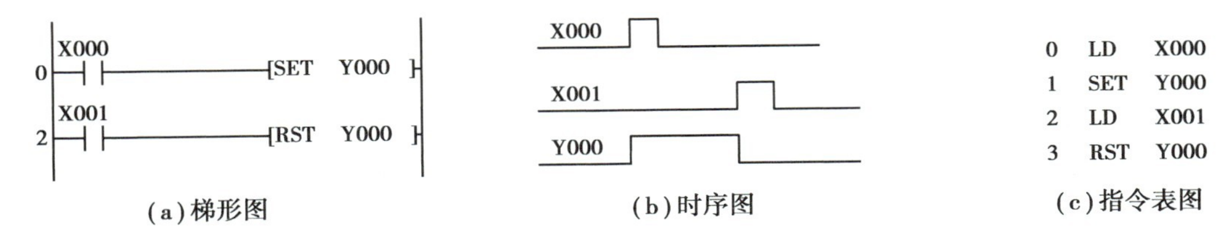

图 4-2　SET 和 RST 指令的梯形图、时序图、指令表图

说明：X000 接通，Y000 置 1，被驱动，此时 X000 的 ON/OFF 与 Y000 无关，即 1 保持；X001 接通，Y000 被复位，此时 X001 的 ON/OFF 与 Y000 无关；Y 与 M 相同。

▶任务实施

一、分配 Y-△降压启动的 I/O 地址

根据电动机 Y-△降压启动控制要求，可以确定自动控制电路的输入设备有 4 个，输出设备有 3 个，PLC 的 I/O 地址分配见表 4-3。

表 4-3　三相异步电动机 Y-△降压启动 PLC 控制电路的 I/O 地址分配

输入端(I)				输出端(O)			
序号	输入设备	功能	端口编号	序号	输出设备	功能	端口编号
1	SB1	停止按钮	X000	1	接触器 KM1	控制电动机 M	Y000
2	SB2	启动按钮	X001	2	接触器 KM2	控制电动机△启动	Y001
3	SB3	Y-△切换按钮	X002	3	接触器 KM3	控制电动机 Y 启动	Y002
4	FR	过热保护	X003				

二、设计 PLC Y-△降压启动硬件 I/O 接线图

三相异步电动机 Y-△降压启动 PLC 控制电路的主电路不需要改动，使用中间继电器控制主电路中的交流接触器，根据表 4-6 所示的 I/O 地址分配。绘制电动机 Y-△降压启动主电路，如图 4-3(a)所示；绘制控制电路，如图 4-3(b)所示。

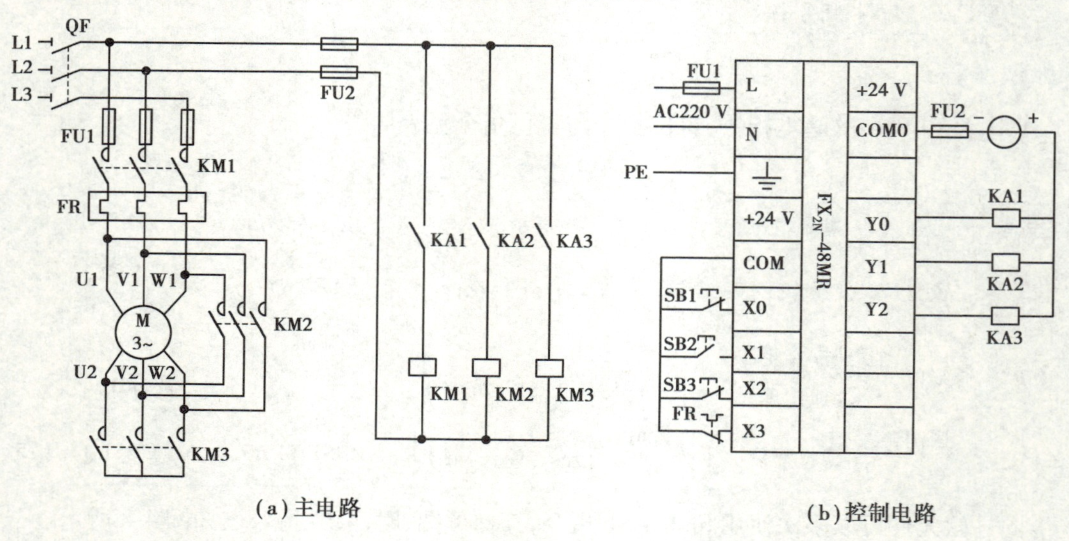

图 4-3　三相异步电动机 Y-△降压启动电路

三、编写 Y-△降压启动梯形图程序

1. 新建工程

使用 GX Developer 软件创建新工程，工程名称为“Y-△降压启动控制”，保存在 E 盘文件夹中。

2. 改造电动机 Y-△降压启动控制电路

将电动机 Y-△降压启动电路中控制电路部分的电气元件符号转换为 PLC 图形符号，然后根据电动机 Y-△降压启动电路 I/O 分配表，转换为对应的软元件符号，如图 4-4 所示。

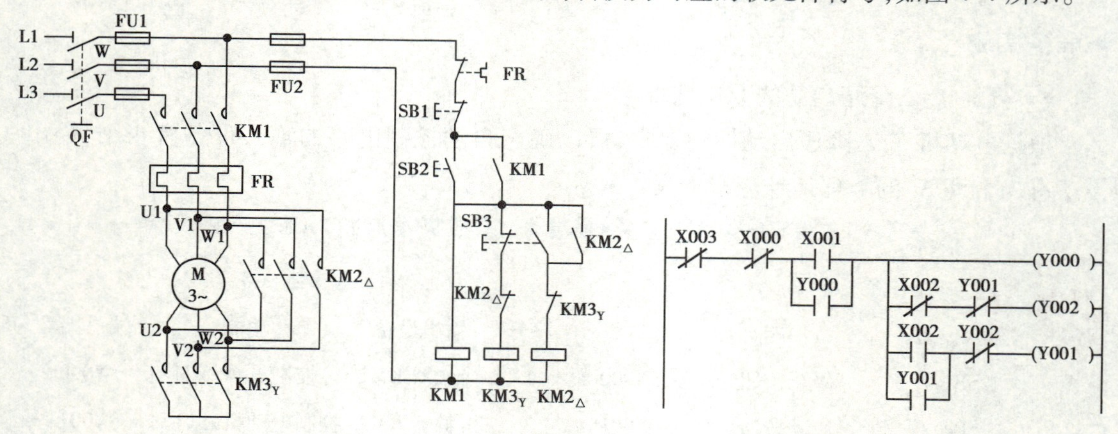

图 4-4　Y-△降压启动控制 PLC 改造控制电路

3. 录入自锁梯形图

根据电动机 Y-△降压启动控制 PLC 改造控制电路图，设计电动机 Y-△降压启动控制梯形图程序，优化程序，三相异步电动机 Y-△降压启动后的梯形图如图 4-5 所示。将其录入到 GX Developer 的“Y-△降压启动控制”工程中。注：X002 为带自锁功能的按钮。

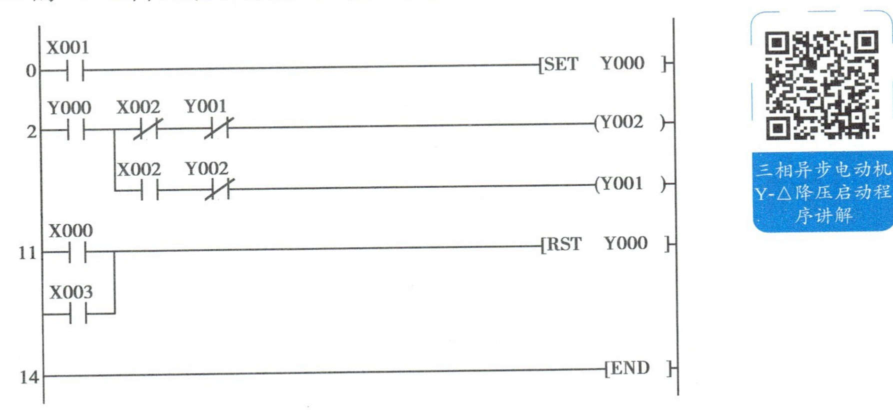

图 4-5　三相异步电动机 Y-△降压启动

4. 将梯形图转换为指令表

单击工具栏中“梯形图/列表显示切换”的按钮，将 Y-△降压启动控制电路的梯形图转换为对应的指令表，并填写表 4-4。

表 4-4　对应的指令语句表

序号	操作码	操作数	序号	操作码	操作数	序号	操作码	操作数

5. 检查梯形图程序

选择“工具”→“程序检查”命令，在弹出的“程序检查”对话框中单击“执行”按钮，对程序进行检查。程序检查完毕，如无误，在“程序检查”对话框的空白处会显示“MAIN　没有错误”的信息。

▶任务练习

(1)改造的三相异步电动机 Y-△降压启动电路能实现其功能吗？

(2)用 GX Developer 软件录入下面的梯形图程序，观察现象。

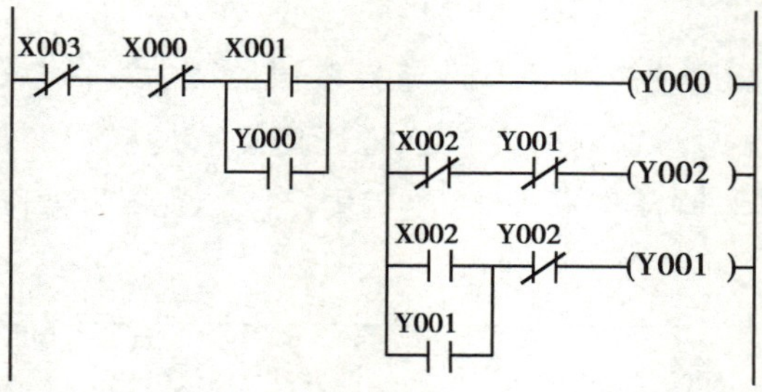

X003 X000 X001 (Y000)
Y000
X002 Y001 (Y002)
X002 Y002 (Y001)
Y001

▶任务评价

根据任务完成情况，如实填写表4-5。

表4-5　任务评价表

<table>
<tr><th>序号</th><th colspan="2">评价要点</th><th>配分/分</th><th>得分/分</th><th>总评</th></tr>
<tr><td>1</td><td colspan="2">能分配 Y-△降压启动电路 I/O 地址并画出其外部接线图</td><td>10</td><td></td><td rowspan="7">A（80 分及以上）□
B（70～79 分）□
C（60～69 分）□
D（59 分及以下）□</td></tr>
<tr><td>2</td><td colspan="2">能简述 RST、SET 基本指令的使用方法</td><td>30</td><td></td></tr>
<tr><td>3</td><td colspan="2">能简述传统控制电路转为 PLC 梯形图的方法</td><td>30</td><td></td></tr>
<tr><td>4</td><td colspan="2">能将 Y-△降压启动的控制电路转换为 PLC 梯形图</td><td>10</td><td></td></tr>
<tr><td>5</td><td colspan="2">小组学习氛围浓厚，沟通协作好</td><td>10</td><td></td></tr>
<tr><td>6</td><td colspan="2">具有文明规范操作的职业习惯</td><td>10</td><td></td></tr>
<tr><td colspan="3">合计</td><td>100</td><td></td></tr>
<tr><td rowspan="2">总结</td><td>完成本任务的收获</td><td>任务完成过程中遇到的问题</td><td colspan="3">完成本任务的改进计划</td></tr>
<tr><td></td><td></td><td colspan="3"></td></tr>
</table>

任务三　安装并调试电动机 Y-△降压启动控制电路

▶任务描述

通过本项目任务二的学习，已经编写好 PLC 电动机 Y-△降压启动控制电路的程序，在此基础上，本任务将安装电动机 Y-△降压启动电路，下载电动机电动机 Y-△降压启动的 PLC 程序，运行调试电路，实现电动机 Y-△降压启动控制的要求。

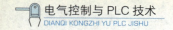

▶任务准备

准备名称	准备内容	完成情况	负责人
实训工具	万用表 1 块、梅花螺丝刀 1 把、剥线钳 1 把		
实训器材	计算机、GX Developer 软件、三菱 FX_{2N}-48MR 型 PLC、断路器、熔断器、交流接触器、热继电器、按钮、电动机		
学习资讯	教材、任务书		

▶任务实施

一、安装电动机 Y-△降压启动控制电路

1. 安装 Y-△降压启动控制主电路

根据电动机 Y-△降压启动控制电路的 I/O 接线图，依次将主电路部分的三相电源、断路器、交流接触器、热继电器、中间继电器、三相异步电动机进行连线，如图 4-6 图所示。

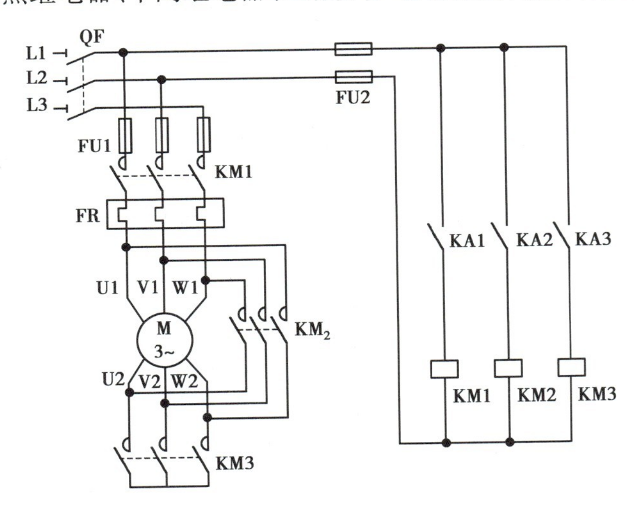

图 4-6 降压启动主电路接线图

2. 安装 Y-△降压启动 PLC 控制电路

根据 PLC 外部硬件控制电路部分接线图（见图 4-7），完成降压启动 PLC 控制电路接线。

（1）安装 PLC 电源线

三菱 FX_{2N}系列 PLC 采用220 V 交流电源供电，从实训台上将电源供电接到 PLC 主机的 L、N 接线端。

（2）安装 PLC 输入信号线

将按钮 SB1、SB2、SB3、FR 的一端分别接在 PLC 输入端 X0、X1、X2、X3 上，将按钮 SB1、SB2、SB3、FR 的另一端都接在 PLC 输入的公共端 COM 上。

（3）安装 PLC 输出信号线

将中间继电器线圈 KA1、KA2、KA3 的一端接在 PLC 的输出端 Y0、Y1、Y2 上，另一端接在交流 220 V 上。

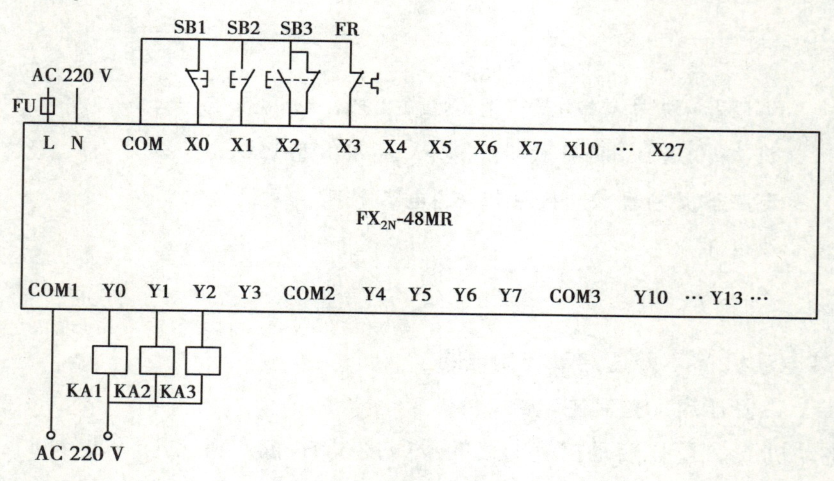

图 4-7 降压启动 PLC 控制电路接线图

二、下载程序

1. 连接 PLC 通信接口线

将 PLC 通信接口线的一端与计算机连接,另一端与 PLC 的下载口连接。

2. 下载程序

在计算机上打开 GX Developer 软件,调出编写好的"Y-△降压启动控制"梯形图程序,在确认该梯形图程序无误后,将编译好的程序下载写入 PLC 内部。

三、运行并调试电动机 Y-△降压启动 PLC 控制电路

①检查电路:核对外部接线,确定外部接线无误。

②空载调试:在不接通主电路电源的情况下,将 PLC 的"STOP/RUN"开关置于"RUN"位置, 按下按钮 SB1、SB2、SB3,观察 PLC 输入指示灯 X0、X1、X2、X3 和输出指示灯 Y0、Y1、Y2 的状态。

③系统调试:接通主电路电源,合上断路器 QF, 分别观察接触器 KM、电动机的动作是否符合控制要求。按下启动按钮 SB2,电动机呈 Y 型启动;按下按钮 SB3,电动机△启动,任务完成。

▶任务练习

(1)观察电动机 Y-△降压启动 PLC 控制电路调试时各交流接触器的工作情况。

按下按钮 SB2,此时电路中的 KM1 ________,KM2 ________,KM3 ________。

按下按钮 SB3,此时电路中的 KM1 ________,KM2 ________,KM3 ________。

按下按钮 SB1,此时电路中的 KM1 ________,KM2 ________,KM3 ________。

(2)现有两台小功率电动机,要采用 Y-△降压启动,试编程实现用 PLC 控制。

①根据控制要求,填写 I/O 地址分配表。

输入地址		输出地址	
SB1	X000		

②完成该控制的梯形图程序。

③打开 GX Developer 软件，进行联机调试。

▶任务评价

根据任务完成情况，如实填写表 4-6。

表 4-6　任务评价表

序号	评价要点		配分/分	得分/分	总评
1	能绘制 Y-△降压启动控制外部硬件接线图		10		A（80 分及以上）□ B（70～79 分）□ C（60～69 分）□ D（59 分及以下）□
2	能编写 Y-△降压启动控制的 PLC 程序		30		
3	能下载 Y-△降压启动控制的 PLC 程序		30		
4	能运行调试 Y-△降压启动控制的 PLC 程序		10		
5	小组学习氛围浓厚，沟通协作好		10		
6	具有文明规范操作的职业习惯		10		
合计			100		
总结	完成本任务的收获	任务完成过程中遇到的问题	完成本任务的改进计划		

▶知识拓展

PLC 编程技巧

1. 线圈不能重复使用

输出线圈在程序中若重复使用，则程序只执行最后一个线圈的状态，程序会出错，如图 4-8 所示。

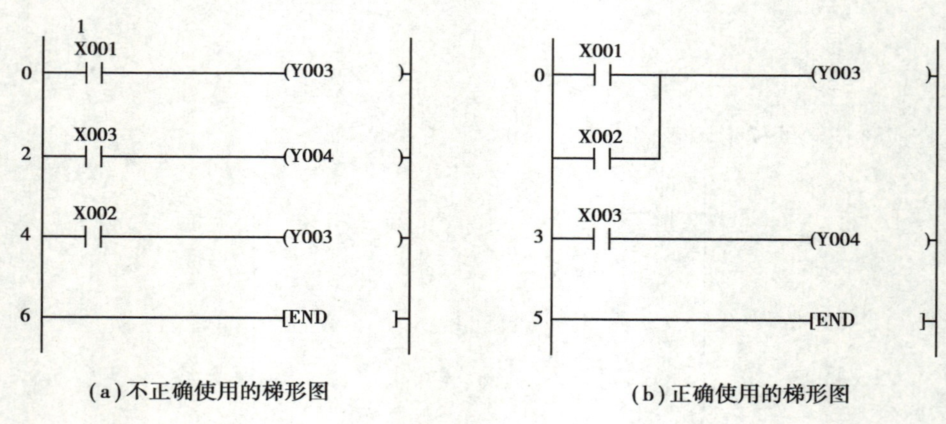

图 4-8　梯形图对照 1

2. 线圈右边无触点

梯形图中每一逻辑行从左到右排列，以触点与左母线连接开始，以线圈、功能指令与右母线(可省略右母线)连接结束，如图 4-9 所示。

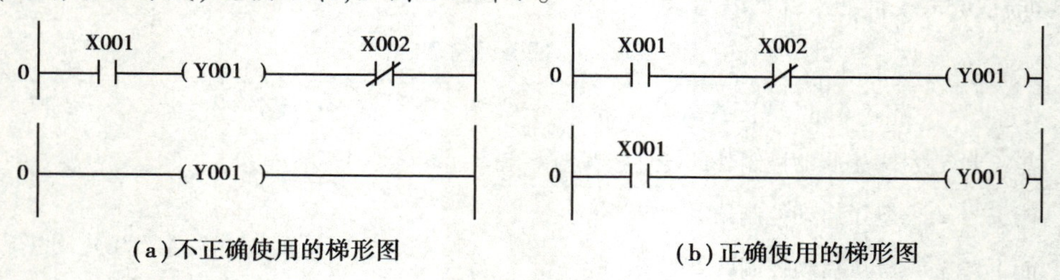

图 4-9　梯形图对照 2

3. 桥型电路不可直接编程

桥型电路不可直接编程，需要对它重新编排，形成两组可以用指令描述的指令组，如图 4-10 所示。

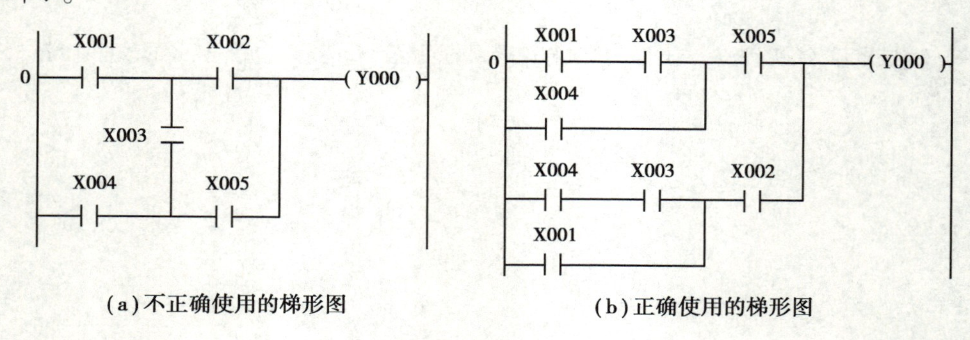

图 4-10　梯形图对照 3

4. 触点可并可串无限制

触点可用于串行线路，也可用于并行电路，且使用次数不受限制，所有输出继电器也都可以作为辅助继电器使用。

5. 多个线圈可并联输出

两个或两个以上的线圈可以并联输出，但不能串联输出，如图 4-11 所示。

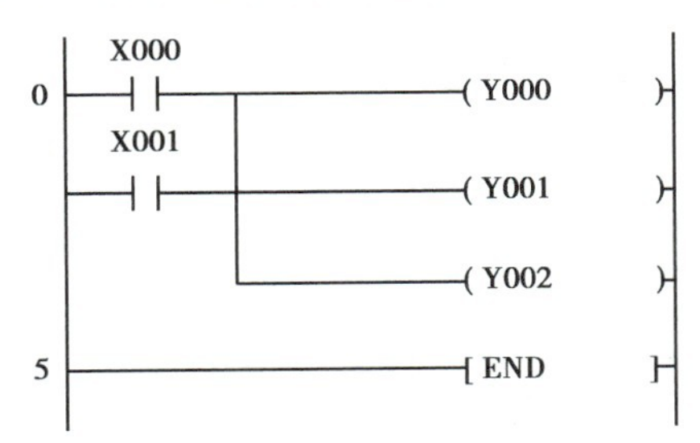

图 4-11　多个线圈并联输出

▶项目练习

某条生产线中有两条传送带为防止物料堆积，需要先启动 2 号传送带后，再启动 1 号传送带。停机时，1 号传送带停止后，2 号传送带才能停止。当出现故障时，两条传送带均停止工作。

①设计 I/O 地址分配表，将表格内容补充完整。

输入端口分配		输出端口分配	
启动按钮		1 号传送带	
停止按钮		2 号传送带	
故障按钮		—	—

②完成梯形图设计，将设计的梯形图画在下面。

③安装连接电路。

④打开 GX Developer 软件，创建工程，编写程序，变换程序，写入 PLC，监视调试程序。

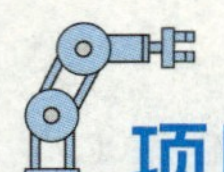

项目五 PLC 实现 LED 流水灯控制

▶项目目标

知识目标

(1)了解 LED 流水灯电路的特点;

(2)理解 LED 流水灯电路的控制过程;

(3)掌握 LED 流水灯控制的 PLC 基本指令;

(4)掌握 LED 流水灯控制的 PLC 设计原则与步骤;

(5)掌握下载并调试 PLC 程序的方法。

技能目标

(1)能认识 LED 流水灯;

(2)能写出 LED 流水灯的 I/O 地址分配表;

(3)能绘制 LED 流水灯的 PLC 外部接线图;

(4)能使用 PLC 编程软件编写 LED 流水灯控制的程序;

(5)能使用 PLC 的 LED 流水灯模型调试 LED 流水灯的程序。

思政目标

(1)激发学生的学习兴趣,训练学生良好的操作习惯,培养学生严谨的科学态度;

(2)培养学生好学向上、积极动手、团结协作、吃苦耐劳等良好品质;

(3)培养学生的 7S 职业素养。

▶项目描述

随着社会和经济的不断发展,各种装饰 LED 流水灯越来越多地出现在人们的生活中,如图 5-1 所示为装饰在树上的流水灯。本项目以 LED 流水灯为控制对象,利用 PLC 的定时器指令,通过认识 LED 流水灯电路、编写程序、搭建并调试电路,实现 PLC 控制的 LED 流水灯效果。

图 5-1　LED 流水灯

任务一　认识 LED 流水灯电路

▶任务描述

夜晚，人们走在大街上，马路两旁各式各样的广告灯随处可见。这些广告灯多采用 LED 灯做成各种形状来达到宣传的效果。本任务将学习 LED 灯的基础知识和 PLC 控制 LED 流水灯的模型。

▶任务准备

准备名称	准备内容	完成情况	负责人
实训工具	万用表 1 块		
实训器材	LED 灯若干、LED 流水灯模型 1 个		
学习资讯	教材、任务书		

▶任务实施

一、认识 LED 灯

1. LED 的概念

Light Emitting Diode（光电二极管）简称 LED，是一种能够将电能转化为可见光的半导体器件，如图 5-2 所示。

2. LED 灯的电路符号

LED 灯的电路符号如图 5-3 所示。

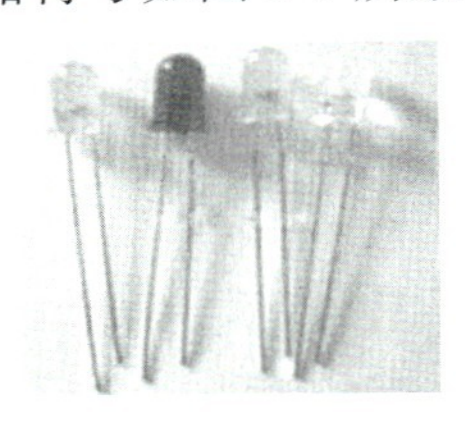

图 5-2　LED 灯

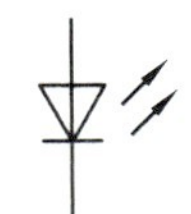

图 5-3　LED 灯的电路符号

3. LED 流水灯

若干个 LED 灯泡依次点亮，其灯光能展现出追逐、流水的效果，这种灯称为 LED 流水灯。它主要用于建筑物的夜间装饰。

二、认识 LED 流水灯的控制要求

本项目使用 PLC 控制实现 LED 流水灯的流水效果。具体要求为：按下启动按钮 SB1，通过 PLC 控制 8 个 LED 灯，以 1 s 为间隔，依次点亮；按下按钮 SB2，LED 流水灯熄灭。

三、认识 LED 流水灯电路

LED 流水灯电路由 PLC、启动按钮、停止按钮、8 个 LED 灯组成。电路框图如图 5-4 所示。

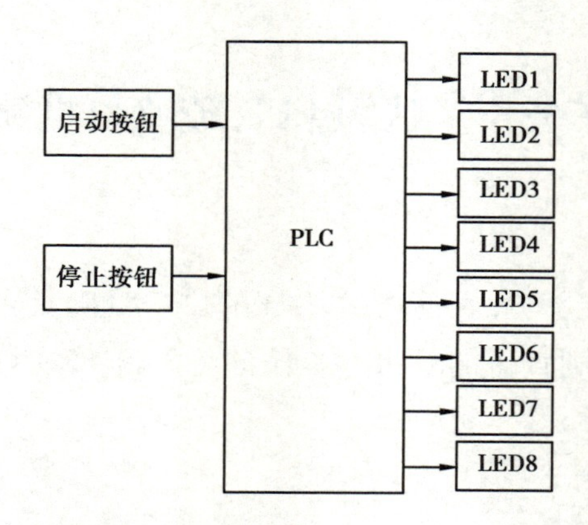

图 5-4　LED 流水灯电路框图

四、认识 LED 流水灯模型

LED 流水灯实验模型如图 5-5 所示，它由直流 24 V 电源和 12 个 LED 灯组成，为了模拟真实的流水效果，LED 灯有红色和绿色两种颜色。

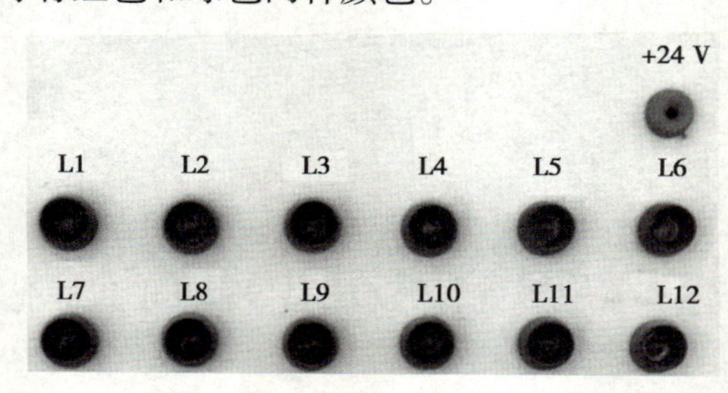

图 5-5　LED 流水灯模型

▶任务练习

（1）LED 的英文全称是____________________________。

（2）简述 LED 流水灯电路的控制过程。

▶任务评价

根据任务完成情况，如实填写表 5-1。

表 5-1　任务评价表

序号	评价要点	配分/分	得分/分	总评
1	能认识 LED 灯	10		A（80 分及以上）□ B（70～79 分）□ C（60～69 分）□ D（59 分及以下）□
2	能简述 LED 灯电路的组成结构	30		
3	能简述 LED 流水灯的工作原理	30		
4	能简述 LED 流水灯的应用场所	10		
5	小组学习氛围浓厚，沟通协作好	10		
6	具有文明规范操作职业习惯	10		
合计		100		

续表

	完成本任务的收获	任务完成过程中遇到的问题	完成本任务的改进计划
总结			

任务二　编写 LED 流水灯控制程序

▶任务描述

根据不同的场所对 LED 彩灯的运行方式有不同的控制要求，本任务将学习 PLC 的定时程序，利用定时器编写 LED 流水灯的梯形图程序。

▶任务准备

准备名称	准备内容	完成情况	负责人
实训器材	计算机、三菱 FX_{2N}-48MR 型 PLC、GX Developer 软件、LED 流水灯实验模型 1 个、按钮开关 2 个		
学习资讯	教材、任务书		

▶知识准备

认识定时器 T

定时器相当于继电接触器系统中的时间继电器，用于时间控制。它可以提供无限对常开常闭延时触点。设定值可用常数 K 或数据寄存器 D 的内容来设置。最长定时值 = 时基(分辨率)×最大定时计数值。它的特点见表 5-2。

表 5-2　FX_{2N}-48MR 型 PLC 的定时器

类型	编号	定时基数单位/ms	定时时间范围/s
普通型	T0—T199	100	0.1～3 276.7
	T200—T245	10	0.01～327.67
累积型	T246—T249	1	0.01～32.767
	T250—T255	100	0.1～3 276.7

1. 通用定时器

通用定时器的特点是不具备断电的保持功能，即当输入电路断开或停电时定时器复位。从图 5-6 可以看出：当 X000 接通时，T200 线圈通电定时，通电时间达到设定时间 1.23 s，T200 的触点立即闭合；当 X000 断开时，定时器复位。

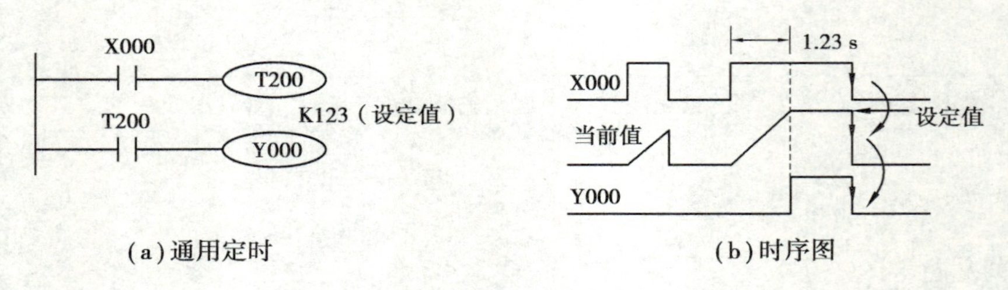

图 5-6 通用定时器

2. 积算定时器

积算定时器具有计数累积的功能。在定时过程中如果断电或定时器线圈 OFF，积算定时器将保持当前的计数值（当前值），通电或定时器线圈 ON 后继续累积，即其当前值具有保持功能，只有将积算定时器复位，当前值才变为 0。从图 5-7 可以看出：即使 X001 断开，T253 能够累积当前定时值，直到 34.5 s 时间累积定时完成，其触点立即动作，此时 X001 再无影响。当 X002 闭合，执行 RST 指令，累积型定时器才被复位，又可重新定时。

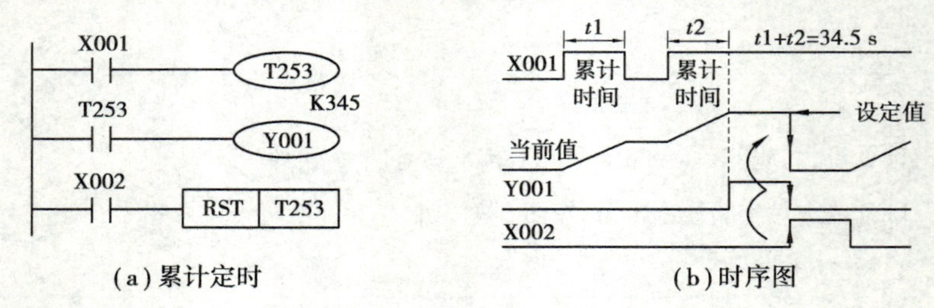

图 5-7 积算定时器

▶练一练

某实验室需要安装一个应急灯，如果出现故障，则该应急灯以灯亮 2 s、灭 1 s 的频率闪烁。试根据要求编写梯形图程序。

▶任务实施

一、分配 LED 流水灯的 I/O 地址

通过 LED 流水灯的控制要求，可以确定 LED 流水灯电路的输入设备有 2 个，输出设备有 8 个。PLC 的 I/O 地址分配见表 5-3。

表 5-3 PLC 点动控制电路 I/O 地址分配

输入端(I)				输出端(O)			
序号	输入设备	功能	端口编号	序号	输出设备	功能	端口编号
1	SB1	启动按钮	X000	1	L1	控制 1 号 LED 灯亮灭	Y000
2	SB2	停止按钮	X001	2	L2	控制 2 号 LED 灯亮灭	Y001
				3	L3	控制 3 号 LED 灯亮灭	Y002
				4	L4	控制 4 号 LED 灯亮灭	Y003
				5	L5	控制 5 号 LED 灯亮灭	Y004
				6	L6	控制 6 号 LED 灯亮灭	Y005

续表

输入端(I)				输出端(O)			
序号	输入设备	功能	端口编号	序号	输出设备	功能	端口编号
				7	L7	控制 7 号 LED 灯亮灭	Y006
				8	L8	控制 8 号 LED 灯亮灭	Y007

二、设计 LED 流水灯控制流程图

LED 流水灯电路 PLC 控制的工作流程图，如图 5-8 所示。

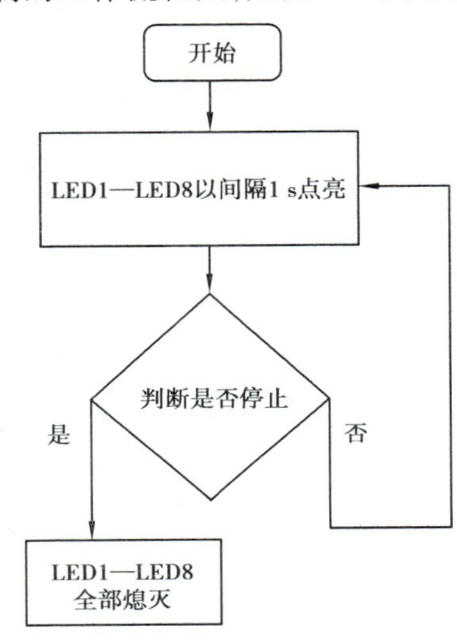

图 5-8　LED 流水灯工作流程图

三、编写梯形图程序

1. 新建工程

使用 GX Developer 软件创建新工程，工程名称为“LED 流水灯控制”，保存在 E 盘文件夹中。

2. 设计梯形图

根据 I/O 分配表，利用定时器 T 完成每个 LED 灯延时 1 s 的控制。延时 1 s 的指令为：T1　K10。设计 LED 流水灯控制梯形图程序，如图 5-9 所示。

3. 录入梯形图程序

打开 GX Developer 软件的“LED 流水灯控制”工程，录入 LED 流水灯梯形图程序并保存。

4. 转换指令语句表

利用 GX Developer 软件，将 LED 流水灯的梯形图转为对应的指令语句表，并填写表 5-4。

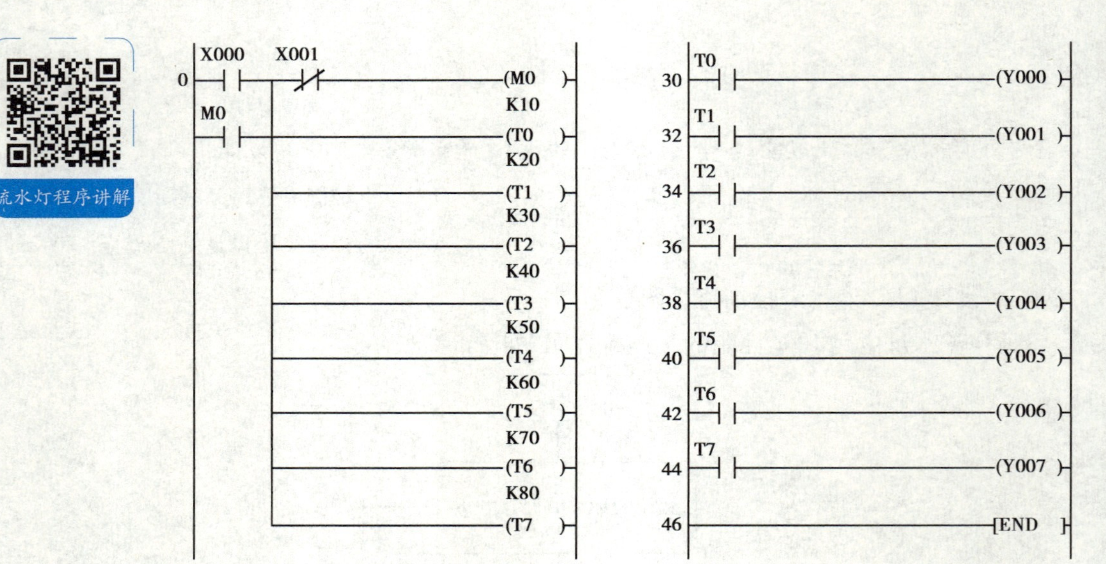

图 5-9　LED 流水灯梯形图

表 5-4　LED 流水灯指令语句表

序号	操作码	操作数	序号	操作码	操作数	序号	操作码	操作数

5. 检查梯形图程序

选择“工具”→“程序检查”命令，在弹出的“程序检查”对话框中单击“执行”按钮，对程序进行检查。程序检查完毕，如无误，在“程序检查”对话框的空白处会显示“MAIN　没有错误”的信息。

▶任务练习

（1）定时器用大写字母________表示。

（2）定时器有________、________、________三种定时单位。

（3）三菱 FX_{2N} 系列 PLC 中通用定时器的编号为________。

（4）使用定时器 T10 时，设定常数 K 为 20，则定时时间是________。

（5）若某定时器需定时 500 s，应输入的编程语句是________。

▶任务评价

根据任务完成情况，如实填写表 5-5。

表 5-5 任务评价表

<table>
<tr><th>序号</th><th colspan="2">评价要点</th><th>配分/分</th><th>得分/分</th><th>总评</th></tr>
<tr><td>1</td><td colspan="2">能简述三菱系列定时器的定时方式</td><td>10</td><td></td><td rowspan="7">A（80 分及以上）□
B（70～79 分） □
C（60～69 分） □
D（59 分及以下）□</td></tr>
<tr><td>2</td><td colspan="2">能正确设定定时器的时间</td><td>30</td><td></td></tr>
<tr><td>3</td><td colspan="2">能编写 LED 流水灯程序</td><td>30</td><td></td></tr>
<tr><td>4</td><td colspan="2">能将 LED 流水灯程序转换为指令表语言</td><td>10</td><td></td></tr>
<tr><td>5</td><td colspan="2">小组学习氛围浓厚，沟通协作好</td><td>10</td><td></td></tr>
<tr><td>6</td><td colspan="2">具有文明规范操作的职业习惯</td><td>10</td><td></td></tr>
<tr><td colspan="3">合计</td><td>100</td><td></td></tr>
<tr><td rowspan="2">总结</td><td>完成本任务的收获</td><td>任务完成过程中遇到的问题</td><td colspan="3">完成本任务的改进计划</td></tr>
<tr><td></td><td></td><td colspan="3"></td></tr>
</table>

任务三 安装并调试 LED 流水灯控制电路

▶任务描述

本项目的任务二已经编写好 LED 流水灯电路的程序，本任务将在此基础上，安装 LED 流水灯电路，下载 LED 流水灯电路的 PLC 程序，运行调试电路，实现 LED 流水灯的控制要求。

▶任务准备

准备名称	准备内容	完成情况	负责人
实训工具	万用表 1 块、梅花螺丝刀 1 把、剥线钳 1 把		
实训器材	计算机、三菱 FX_{2N}-48MR 型 PLC、GX Developer 软件、LED 流水灯实验模型 1 个、按钮开关 2 个、导线若干		
学习资讯	教材、任务书		

▶任务实施

一、安装 LED 流水灯电路

根据 LED 流水灯的 I/O 地址分配表，参照图 5-10 所示 LED 流水灯电路硬件接线图，依次安装 PLC 的电源线、输入信号线、输出信号线。

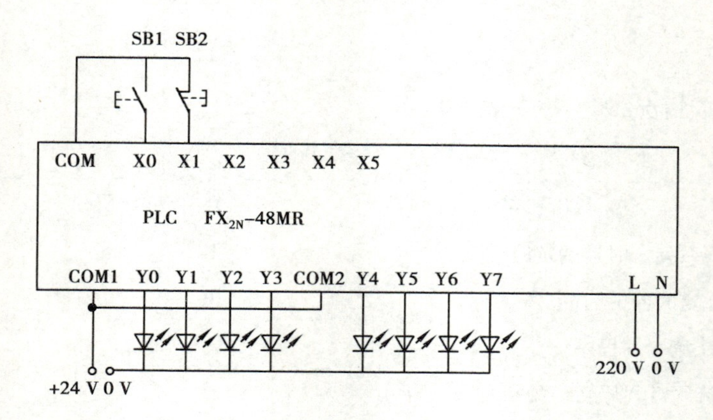

图 5-10　LED 流水灯硬件接线图

1. 安装 PLC 电源线

三菱 FX_{2N} 系列 PLC 采用220 V 交流电源供电，从实训台上将电源供电接到 PLC 主机的 L、N 接线端。

PLC 直流电源接线，主机模块直流 +24 V 与 LED 流水灯实验模型的 24 V 连接；0 V 与所用输出端的 COM 连接。

2. 安装 PLC 输入信号线

本任务有 2 个输入信号，将按钮 SB1、SB2 的一端分别接在 PLC 的输入端 X0、X1 上，将按钮 SB1、SB2 的另一端都接在 PLC 输入的公共端 COM 上。

3. 安装 PLC 输出信号线

本任务有 8 个输出信号。接线方式见表 5-6。

表 5-6　LED 流水灯输出接线表

PLC 输出接口
Y0 ——LED1 正极；LED1 负极——0 V
Y1——LED2 正极；LED2 正极——0 V
Y2——LED3 正极；LED3 正极——0 V
Y3——LED4 正极；LED4 正极——0 V
Y4——LED5 正极；LED3 正极——0 V
Y5——LED6 正极；LED3 正极——0 V
Y6——LED7 正极；LED3 正极——0 V
Y7——LED8 正极；LED3 正极——0 V
PLC 输出公共端 COM 连接 24 V

二、下载程序

1. 连接 PLC 通信接口线

将 PLC 通信接口线的一端与计算机连接，另一端与 PLC 的下载口连接。

2. 下载程序

在计算机上打开 GX Developer 软件，调出编写好的“LED 流水灯控制”梯形图程序，在确认该梯形图程序无误后，将编译好的程序下载写入 PLC 内部。

三、运行并调试 LED 流水灯电路

①检查电路：核对外部接线，确定外部接线无误。

②空载调试：在不接通主电路电源的情况下，将 PLC 的“STOP/RUN”开关置于“RUN”位置，按下按钮 SB1、SB2，观察 PLC 输入指示灯 X0、X1 和输出指示灯 Y0、Y1、Y2、Y3、Y4、Y5、Y6、Y7 的状态。

③系统调试：接通主电路电源，观察 LED1—LED8 是否符合控制要求。按下启动按钮 SB1，LED1—LED8 实现以 1 s 间隔点亮；按下按钮 SB2，LED 流水灯熄灭，任务完成。

④反复测试：在运行调试过程中，如果有不符合要求，要检查接线及 PLC 程序，直至达到要求 LED 流水灯的效果。

▶任务练习

（1）PLC 主机模块中 +24 V 代表________。

（2）LED 流水灯在进行接线时，有哪些地方需要注意？

（3）设计某 8 个 LED 灯组成的彩灯电路，按下启动按钮时，LED 灯按照点亮 1 s、熄灭 1 s的顺序，以 2 s 为间隔循环点亮；按下停止按钮，LED 灯全部熄灭。

①根据控制要求，填写 I/O 地址分配表。

输入地址		输出地址	
SB1	X000		

②完成该控制的梯形图程序。

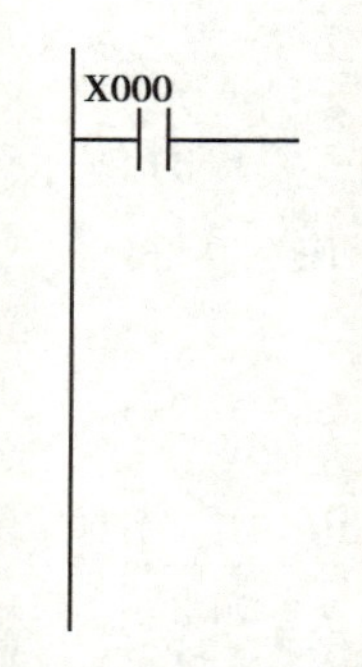

③打开 GX Developer 软件，进行联机调试。

▶任务评价

根据任务完成情况，如实填写表 5-7。

表 5-7 任务评价表

<table>
<tr><th>序号</th><th colspan="2">评价要点</th><th>配分/分</th><th>得分/分</th><th>总评</th></tr>
<tr><td>1</td><td colspan="2">能正确绘制 LED 流水灯硬件接线图</td><td>10</td><td></td><td rowspan="7">A（80 分及以上）□
B（70 ~ 79 分）□
C（60 ~ 69 分）□
D（59 分及以下）□</td></tr>
<tr><td>2</td><td colspan="2">能完成 LED 流水灯的接线</td><td>30</td><td></td></tr>
<tr><td>3</td><td colspan="2">能下载 LED 流水灯的程序</td><td>30</td><td></td></tr>
<tr><td>4</td><td colspan="2">能运行调试 LED 流水灯控制 PLC 程序</td><td>10</td><td></td></tr>
<tr><td>5</td><td colspan="2">小组学习氛围浓厚，沟通协作好</td><td>10</td><td></td></tr>
<tr><td>6</td><td colspan="2">具有文明规范操作的职业习惯</td><td>10</td><td></td></tr>
<tr><td colspan="3">合计</td><td>100</td><td></td></tr>
<tr><td rowspan="2">总结</td><td>完成本任务的收获</td><td>任务完成过程中遇到的问题</td><td colspan="3">完成本任务的改进计划</td></tr>
<tr><td></td><td></td><td colspan="3"></td></tr>
</table>

▶知识拓展

一、计数器 C

在控制系统中，使用计数器也可以实现延时控制。定时器/计数器指令是 PLC 最基本的功能指令，应用非常广泛。

计数器 C 是用来记录自身线圈被接通的次数，当线圈被接通次数达到设定值时，其触点立即动作。FX_{2N}-48MR 型 PLC 的 16 位计数器见表 5-8。

表 5-8 FX_{2N} 系列 PLC 的 16 位计数器

<table>
<tr><th>类型</th><th>编号</th><th>备注</th><th>计数范围</th></tr>
<tr><td>普通型</td><td>C0-C99</td><td>需用 RST 指令复位</td><td rowspan="2">1 ~ 32 767</td></tr>
<tr><td>停电保持用</td><td>C100-C199</td><td>需用 RST 指令复位；
PLC 停电后，能保持当前计数值</td></tr>
</table>

二、计数器的延时应用

只要提供一个时钟脉冲信号作为计数器的计数输入信号，计数器就可以实现定时功能。

定时时间 = 时钟脉冲信号 × 计数器的设定值

计数器延时闭合控制程序的控制要求：当输入闭合后，计时 10 s，灯泡被点亮。

由 M8012 产生周期为 0.1 s 时钟脉冲信号，当启动按钮 X0 闭合时，M0 得电并自锁，M8012 时钟脉冲加到 C0 的计数输入端。当 C0 累计计数到 100 个脉冲时，计数器 C0 动作，C0 常开触点闭合，Y0 灯泡点亮，如图 5-11 所示。

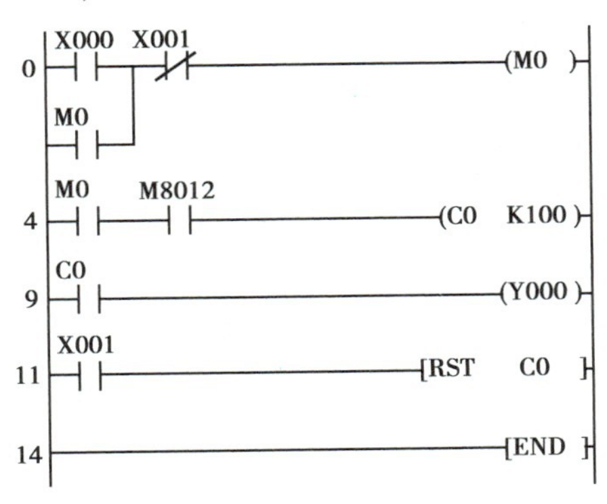

图 5-11　计数器延时

▶项目练习

(1)累积型定时器和计数器都必须用________复位。

(2)用计数器编写定时 24 小时的延时程序。

(3)设计某生产流水线的货物统计监控。当生产线产品达到 10 件时，监控中心黄灯亮；当生产线产品达到 20 件时，监控中心红灯以 2 s 的频率闪烁报警。

(4)设计一个报警器，要求当条件 X1 = ON 时，蜂鸣器鸣叫，同时报警指示灯连续闪烁 16 次，每次亮 2 s，熄灭 3 s，此后停止报警。

(5)设计一个报警系统，当报警信号成立时，实现报警。要求如下：蜂鸣器以 2 Hz 的频率鸣叫，警灯以 1 Hz 的频率闪烁；10 s 后，若没有按下复位按钮，则蜂鸣器鸣叫频率为 5 Hz，警灯以 10 Hz 的频率闪烁。当按下复位按钮后，停止报警。

项目六　PLC 实现铁塔之光控制

▶项目目标

知识目标

(1)了解铁塔之光电路的特点;

(2)理解铁塔之光电路的控制过程;

(3)掌握完成铁塔之光控制的 PLC 基本指令;

(4)掌握 PLC 铁塔之光控制的设计原则与步骤;

(5)掌握下载并调试 PLC 程序的方法。

技能目标

(1)能认识铁塔之光电路;

(2)能写出铁塔之光的 I/O 地址分配表;

(3)能绘制铁塔之光 PLC 外部接线图;

(4)能使用 PLC 编程软件编写铁塔之光控制的程序;

(5)能利用 PLC 铁塔之光模型调试铁塔之光的程序。

思政目标

(1)激发学生的学习兴趣,训练学生良好的操作习惯,培养学生严谨的科学态度;

(2)培养学生好学向上、积极动手、团结协作、吃苦耐劳等良好品质;

(3)培养学生的 7S 职业素养。

▶项目描述

随着经济的不断发展,世界上多个城市的夜晚每天都在上演各式各样精彩的灯光秀,如铁塔的灯光秀,如图 6-1 所示。本项目主要学习利用 PLC 的主控指令来实现铁塔灯光的闪烁模式控制,通过修改闪动次数和亮灭持续时间,满足各种铁塔之光的造型要求,从而呈现精彩的视觉效果。

图 6-1　铁塔之光

任务一　认识铁塔之光电路

▶任务描述

随着人们生活水平的提高,对于美的追求也提升了。夜间的铁塔看起来非常阴暗,显得很单调,加入铁塔之光设计后,可以让原本单调的铁塔变得光鲜亮丽。本任务将介绍铁塔之光的 PLC 控制框图、控制要求及实验模型。

▶任务准备

准备名称	准备内容	完成情况	负责人
实训工具	万用表		
实训器材	计算机、三菱 FX_{2N}-48MR 型 PLC、铁塔之光模型		
学习资讯	教材、任务书		

▶任务实施

一、认识铁塔之光

所谓铁塔之光，就是在铁塔的顶端安装 LED 灯，通过控制使得铁塔上的灯光按照一定规律亮灭，如依次亮、依次灭，同颜色同时亮、同颜色依次亮等，从而使夜晚的建筑更加美观。

二、了解铁塔之光的控制要求

铁塔之光有两种工作模式："花开"模式和"花闭"模式。

选择"花开"模式：按下启动按钮后，LED1 亮（其他灯都不亮）2 s 后 LED1 灭，小圈中的 LED2、LED3、LED4、LED5 亮；再隔 2 s，LED2、LED3、LED4、LED5 灭，大圈中的 LED6、LED7、LED8、LED9 亮 2 s 后灭；全灭 2 s 后接着 LED1 再亮，开始下一轮循环，即 9 盏灯按"花开"方式循环点亮。按下停止按钮，所有灯全灭。

选择"花闭"模式：按下启动按钮后，大圈中的 LED6、LED7、LED8、LED9 的亮（其他灯都不亮）2 s 后灭，小圈中的 LED2、LED3、LED4、LED5 亮；再隔 2 s，LED2、LED3、LED4、LED5 灭，LED1 亮 2 s 后灭；全灭 2 s 后大圈中的 LED6、LED7、LED8、LED9 再亮，开始下一轮循环，即 9 盏灯按"花闭"方式循环点亮。按下停止按钮，所有灯全灭。

三、认识铁塔之光电路的组成

铁塔之光电路由 PLC、启动开关、停止开关和 9 个 LED 灯组成，电路框图如图 6-2 所示。

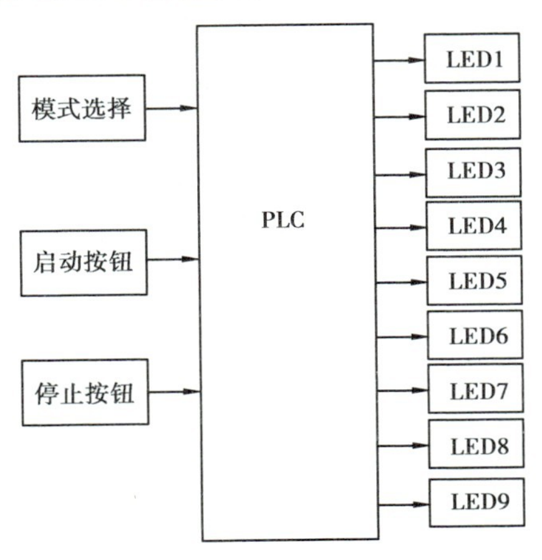

图 6-2 铁塔之光电路框图

四、认识铁塔之光实验模型

铁塔之光实验模型如图 6-3 所示。其控制面板塔顶有 9 个 LED 灯，为了模拟真实的铁塔之光变换效果，LED 灯颜色多样。

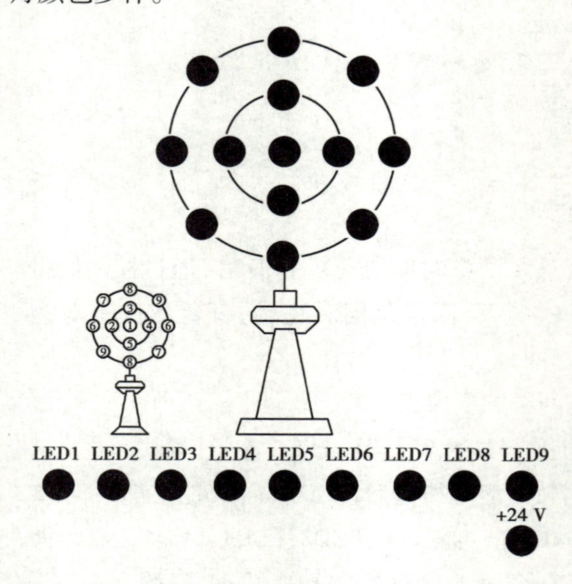

图 6-3　铁塔之光实验模型

▶任务练习

（1）铁塔之光主要在哪些地方应用？

（2）简述铁塔之光的工作方式。

▶任务评价

根据任务完成情况，如实填写表 6-1。

表 6-1　任务过程评价表

<table>
<tr><th>序号</th><th>评价要点</th><th>配分/分</th><th>得分/分</th><th>总评</th></tr>
<tr><td>1</td><td>能简述铁塔之光的应用领域</td><td>10</td><td></td><td rowspan="7">A（80 分及以上）□
B（70～79 分）□
C（60～69 分）□
D（59 分及以下）□</td></tr>
<tr><td>2</td><td>知道铁塔之光的电路框图组成</td><td>30</td><td></td></tr>
<tr><td>3</td><td>能简述铁塔之光的工作方式</td><td>30</td><td></td></tr>
<tr><td>4</td><td>能认识铁塔之光的实验模型</td><td>10</td><td></td></tr>
<tr><td>5</td><td>小组学习氛围浓厚，沟通协作好</td><td>10</td><td></td></tr>
<tr><td>6</td><td>具有文明规范操作的职业习惯</td><td>10</td><td></td></tr>
<tr><td colspan="2">合计</td><td>100</td><td></td></tr>
<tr><td rowspan="2">总结</td><td>完成本任务的收获</td><td colspan="2">任务完成过程中遇到的问题</td><td>完成本任务的改进计划</td></tr>
<tr><td></td><td colspan="2"></td><td></td></tr>
</table>

任务二　编写铁塔之光控制程序

▶任务描述

铁塔之光是利用灯光对铁塔进行装饰，达到美化的效果。在不同的场合对灯光的运行方式有不同的要求。本任务将学习 PLC 的主控指令 MC、MCR，利用主控指令编写铁塔之光的梯形图程序。

▶任务准备

准备名称	准备内容	完成情况	负责人
实训器材	计算机、三菱 FX_{2N}-48MR 型 PLC、GX Developer 软件、铁塔之光实验模型 1 个、按钮开关 3 个		
学习资讯	教材、任务书		

▶知识准备

认识主控指令 MC、MCR

MC：主控指令，用于公共串联触点的连接。执行 MC 后，左母线移到 MC 触点的后面。

MCR：主控复位指令，是 MC 指令的复位指令，即利用 MCR 指令恢复原左母线的位置。

两个指令的特点见表 6-2。

表 6-2　FX_{2N}-48MR 型 PLC 的主控指令

助记符名称	功能	梯形图表示	操作元件	程序步
MC（主控指令）	主控电路起点	X000 [MC N0 M100] N0==M100	Y,M	3
MCR（主控复位指令）	主控电路终点	[MCR N0]	Y,M	2

主控指令的使用说明如下：

- MC、MCR 指令的目标元件为 Y 和 M，但不能用特殊辅助继电器。MC 占 3 个程序步，MCR 占 2 个程序步。
- 主控触点在梯形图中与一般触点垂直。主控触点是与左母线相连的常开触点，是控制一组电路的总开关。与主控触点相连的触点必须用 LD 或 LDI 指令。
- MC 指令的输入触点断开时，在 MC 和 MCR 之内的积算定时器、计数器、用复位/置位指令驱动的元件保持其之前的状态不变。
- 在一个 MC 指令区内若再使用 MC 指令称为嵌套。嵌套级数最多为 8 级，编号按 N0→N1→N2→N3→N4→N5→N6→N7 顺序增大，每级的返回用对应的 MCR 指令，从编号大的嵌套级开始复位。

▶任务实施

一、分配铁塔之光的 I/O 地址

根据铁塔之光的控制要求，可以确定铁塔之光电路的输入设备有 3 个，输出设备 9 个。PLC 的 I/O 地址分配见表 6-3。

表 6-3　PLC 点动控制电路的 I/O 地址分配

输入端(I)				输出端(O)			
序号	输入设备	功能	端口编号	序号	输出设备	功能	端口编号
1	SB1	启动按钮	X000	1	LED1	控制 LED1 号灯	Y000
2	SB2	停止按钮	X001	2	LED2	控制 LED2 号灯	Y001
3	SB3	模式选择	X002	3	LED3	控制 LED3 号灯	Y002
				4	LED4	控制 LED4 号灯	Y003
				5	LED5	控制 LED5 号灯	Y004
				6	LED6	控制 LED6 号灯	Y005
				7	LED7	控制 LED7 号灯	Y006
				8	LED8	控制 LED8 号灯	Y007
				9	LED9	控制 LED9 号灯	Y010

二、设计铁塔之光流程图

铁塔之光 PLC 控制电路的工作流程图如图 6-4 所示。

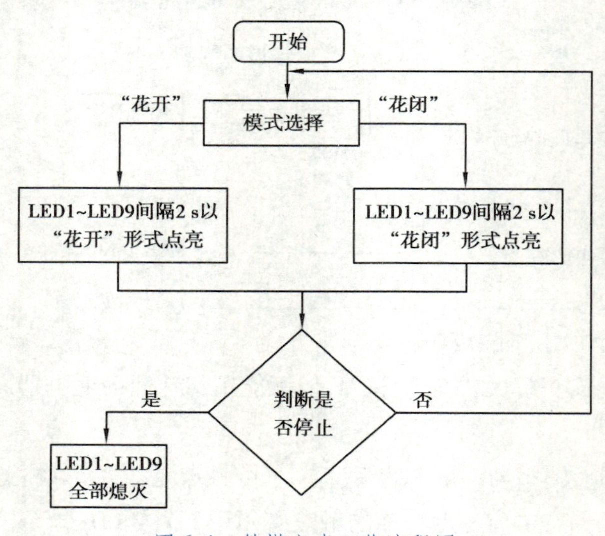

图 6-4　铁塔之光工作流程图

三、梯形图程序

1. 新建工程

使用 GX Developer 软件创建新工程，工程名称为“铁塔之光控制”，保存在 E 盘文件夹中。

2. 设计梯形图

根据 I/O 分配表，利用 MC、MCR 指令和定时器 T 完成铁塔之光控制。铁塔之光控制梯形图程序如图 6-5 所示。

铁塔之光程序讲解

3. 录入梯形图程序

打开 GX Developer 软件的“铁塔之光控制”工程，录入铁塔之光梯形图程序并保存。

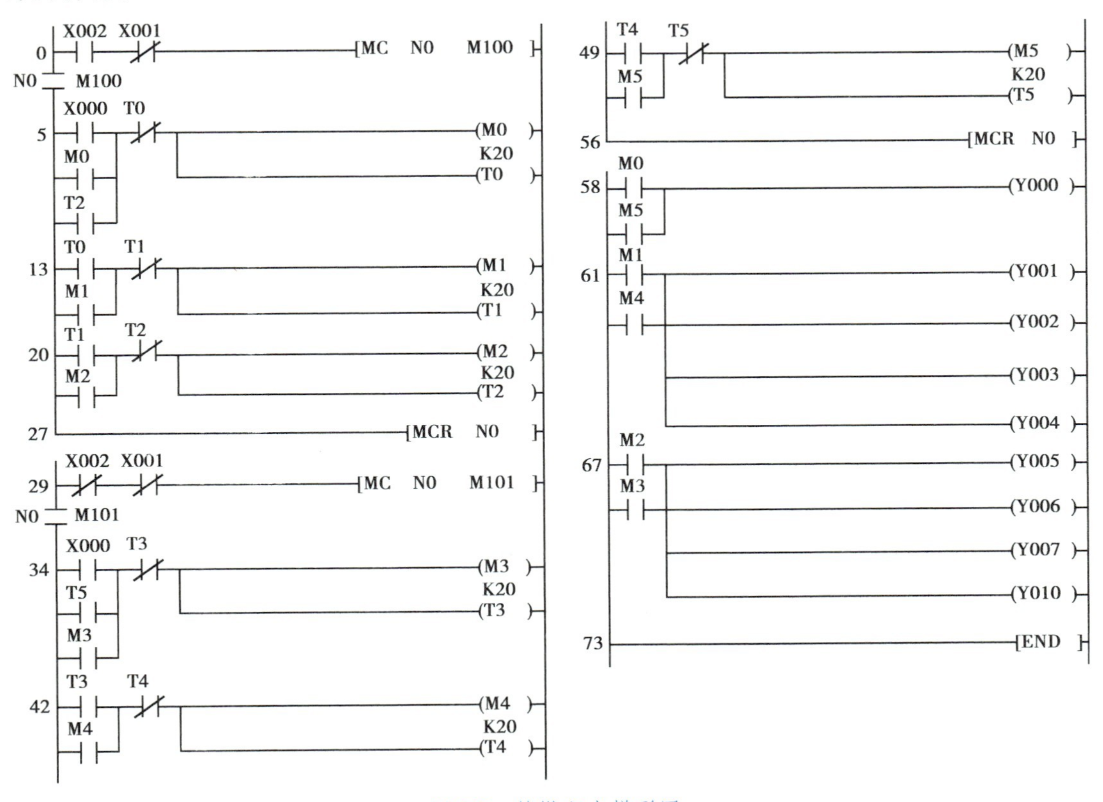

图 6-5　铁塔之光梯形图

4. 转换指令语句表

利用 GX Developer 软件，将铁塔之光的梯形图转为对应的指令语句表，并填写表 6-4。

表 6-4　铁塔之光指令语句表

序号	操作码	操作数	序号	操作码	操作数	序号	操作码	操作数

续表

序号	操作码	操作数	序号	操作码	操作数	序号	操作码	操作数

5. 检查梯形图程序

选择“工具”→“程序检查”命令，在弹出“程序检查”对话框中单击“执行”按钮，对程序进行检查。程序检查完毕，如无误，在“程序检查”对话框的空白处会显示“MAIN　没有错误”的信息。

▶任务练习

1. 主控指令用________表示。
2. 主控指令在使用中，仍然应该避免出现________。
3. 主控指令进行内部嵌套时，最多可以嵌套________级。
4. 主控指令在使用中必须和________指令配套使用。

▶任务评价

根据任务完成情况，如实填写表 6-5。

表 6-5　任务评价表

序号	评价要点	配分/分	得分/分	总评
1	能简述 FX_{2N} 系列主控指令的作用	10		
2	能正确分配铁塔之光的 I/O 地址	30		
3	能编写铁塔之光程序	20		

续表

序号	评价要点	配分/分	得分/分	总评
4	能将铁塔之光灯程序转换为指令表语言	20		A（80 分及以上）□
5	小组学习氛围浓厚，沟通协作好	10		B（70～79 分）□
6	具有文明规范操作的职业习惯	10		C（60～69 分）□
合计		100		D（59 分及以下）□
总结	完成本任务的收获	任务完成过程中遇到的问题	完成本任务的改进计划	

任务三　安装并调试铁塔之光控制电路

▶任务描述

本项目的任务二已经编写好 PLC 控制的铁塔之光程序，本任务将在此基础上，安装铁塔之光电路，下载铁塔之光的 PLC 程序，运行调试电路，实现铁塔之光的控制效果。

▶任务准备

准备名称	准备内容	完成情况	负责人
实训工具	万用表 1 块、梅花螺丝刀 1 把、剥线钳 1 把		
实训器材	计算机、三菱 FX_{2N}-48MR 型 PLC、GX Developer 软件、铁塔之光实验模型 1 个、按钮开关 3 个、导线若干		
学习资讯	教材、任务书		

▶任务实施

一、安装铁塔之光控制电路

根据铁塔之光的 I/O 地址分配表，参照图 6-6 所示铁塔之光硬件接线图，依次安装 PLC 的电源线、输入信号线、输出信号线。

1. 安装 PLC 电源线

三菱 FX_{2N}系列 PLC 采用220 V 交流电源供电，从实训台上将电源供电接到 PLC 主机的 L、N 接线端。

PLC 直流电源接线，主机模块直流 +24 V 与铁塔之光实验模型的 24 V 连接；0 V 为公共端，与所用输出端的 COM 连接。

2. 安装 PLC 输入信号线

本任务有 3 个输入信号，将按钮 SB1、SB2、SB3 的一端接在 PLC 的输入端 X0、X1、X2 上，按钮 SB1、SB2、SB3 的另一端都接在 PLC 输入的公共端 COM 上。

3. 安装PLC输出信号线

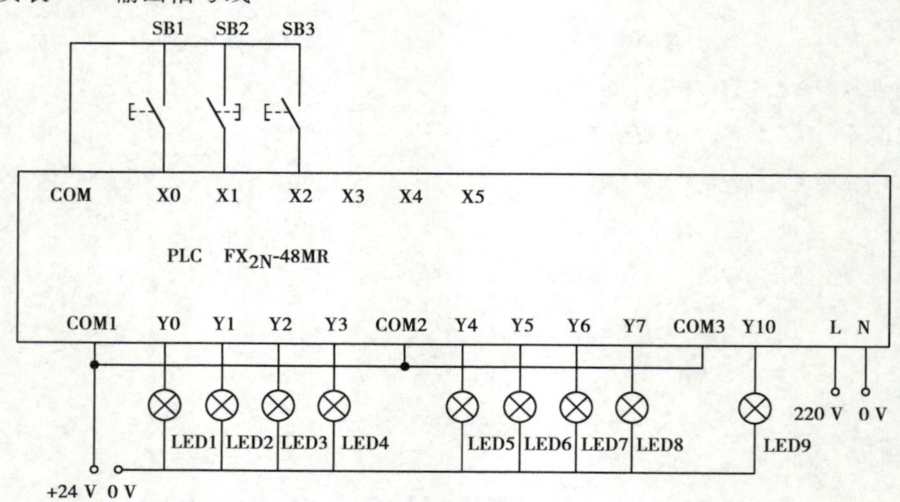

图6-6 铁塔之光硬件接线图

本任务有9个输出信号。接线方式见表6-6。

表6-6 铁塔之光输出接线表

PLC输出接口
Y0 ——LED1一端；LED1另一端——0 V
Y1——LED2一端；LED2另一端——0 V
Y2——LED3一端；LED3另一端——0 V
Y3——LED4一端；LED4另一端——0 V
Y4——LED5一端；LED5另一端——0 V
Y5——LED6一端；LED6另一端——0 V
Y6——LED7一端；LED7另一端——0 V
Y7——LED8一端；LED8另一端——0 V
Y10——LED9一端；LED9另一端——0 V
PLC输出公共端COM连接0 V

二、下载程序

1. 连接PLC通信接口线

将PLC通信接口线的一端与计算机连接，另一端与PLC的下载口连接。

2. 下载程序

在计算机上打开GX Developer软件，调出编写好的“铁塔之光控制”梯形图程序，在确认该梯形图程序无误后，将编译好的程序下载写入PLC内部。

三、运行并调试铁塔之光电路

①检查电路：核对外部接线，确定外部接线无误。

②空载调试：在不接通主电路电源的情况下，将PLC的“STOP/RUN”开关置于“RUN”

位置，合上 SB3 按钮，按下 SB1 按钮，观察 PLC 输入指示灯 X0、X1 和输出指示灯 Y0、Y1、Y2、Y3、Y4、Y5、Y6、Y7、Y10 的状态；断开 SB3 按钮，按下 SB1 按钮，观察 PLC 输入指示灯 X0、X1 和输出指示灯 Y0、Y1、Y2、Y3、Y4、Y5、Y6、Y7、Y10 的状态。

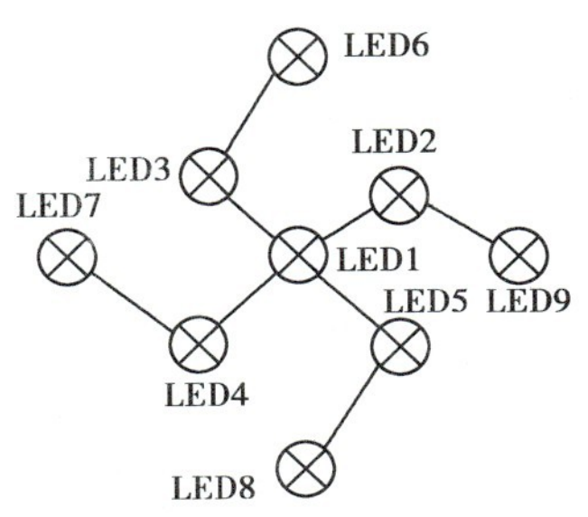

图 6-7　LED 灯

③系统调试：接通主电路电源，观察 LED1—LED9 是否符合控制要求。合上 SB3 按钮，按下 SB1 按钮，9 个 LED 灯以 2 s 为间隔"花闭"方式点亮；断开 SB3 按钮，按下 SB1 按钮，9 个 LED 灯以 2 s 为间隔"花开"方式点亮；按下按钮 SB2，灯全部熄灭，任务完成。

▶任务练习

有 L1—L9 共 9 盏灯，排列位置如图 6-7 所示。控制要求如下：用转换开关 SA 来切换 9 盏 LED 灯的工作方式。

SA 接通时，按下按钮 SB1，LED 灯按以下方式工作：

LED1、LED2、LED9 —1 s→ LED1、LED5、LED8 —1 s→ LED1、LED4、LED7 —1 s→ LED1、LED3、LED6（返回 LED1、LED2、LED9）

SA 断开时，按下按钮 SB1，LED 灯按以下方式工作：

LED1、LED3、LED6 —1 s→ LED1、LED4、LED7 —1 s→ LED1、LED5、LED8 —1 s→ LED1、LED2、LED9（返回 LED1、LED3、LED6）

①根据控制要求，填写 I/O 地址分配表。

输入地址		输出地址	
SA	X000		

②完成该控制的梯形图程序。

③打开 GX Developer 软件，进行联机调试。

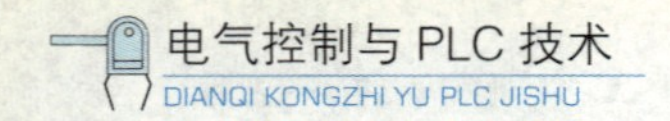

▶任务评价

根据任务完成情况，如实填写表 6-7。

表 6-7　任务评价表

<table>
<tr><th>序号</th><th colspan="2">评价要点</th><th>配分/分</th><th>得分/分</th><th>总评</th></tr>
<tr><td>1</td><td colspan="2">能简述设计 PLC 控制铁塔之光的方法</td><td>10</td><td></td><td rowspan="7">A (80 分及以上) □
B (70～79 分)　□
C (60～69 分)　□
D (59 分及以下) □</td></tr>
<tr><td>2</td><td colspan="2">能完成铁塔之光的接线</td><td>30</td><td></td></tr>
<tr><td>3</td><td colspan="2">能现场调试铁塔之光程序</td><td>20</td><td></td></tr>
<tr><td>4</td><td colspan="2">能实现 PLC 铁塔之光的控制效果</td><td>20</td><td></td></tr>
<tr><td>5</td><td colspan="2">小组学习氛围浓厚，沟通协作好</td><td>10</td><td></td></tr>
<tr><td>6</td><td colspan="2">具有文明规范操作的职业习惯</td><td>10</td><td></td></tr>
<tr><td colspan="3">合计</td><td>100</td><td></td></tr>
<tr><td rowspan="2">总结</td><td>完成本任务的收获</td><td>任务完成过程中遇到的问题</td><td colspan="3">完成本任务的改进计划</td></tr>
<tr><td></td><td></td><td colspan="3"></td></tr>
</table>

▶知识拓展

条件跳转指令 CJ

条件跳转指令 CJ 用于跳过顺序程序中的某一部分，以缩短运算周期，控制程序的流程，常用在自动与手动的工作方式中。条件跳转指令 CJ 的属性见表 6-8。

表 6-8　条件跳转指令属性表

指令名称	助记符	梯形图表示	操作元件	程序步
条件跳转指令	CJ	X0 —| |— [CJ P8]	P0～P127	4

条件跳转指令 CJ 在程序中的应用如图 6-8 所示。

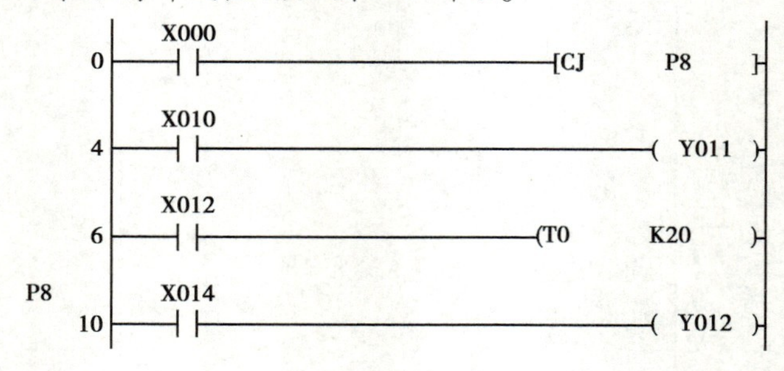

图 6-8　CJ 指令的应用

从图 6-8 可以看出：当 X000 常开触点闭合，执行“CJ　P8”，程序条件跳转到标号 P8 处，执行点动控制程序，X014 为点动控制按钮；当 X000 常开触点断开，不执行“CJ　P8”，程序按照顺序执行。

▶项目练习

（1）FX 系列 PLC 中主控指令应采用（　　）。

A. CJ　　B. MC　　C. GO TO　　D. SUB

（2）试结合主控指令完成三路抢答器的梯形图设计，控制要求如下：

①每一组都有一个抢答按钮和一个指示灯，当其中任意一组最先按下抢答按钮时，该组指示灯点亮并保持，其他组按钮按下无效。

②主持人说完题目，按下总开始按钮后，如 10 s 内无人应答，总台指示灯亮表示该题目作废。

③主持人按下总复位按钮，所有的指示灯熄灭，开始新的一轮抢答。

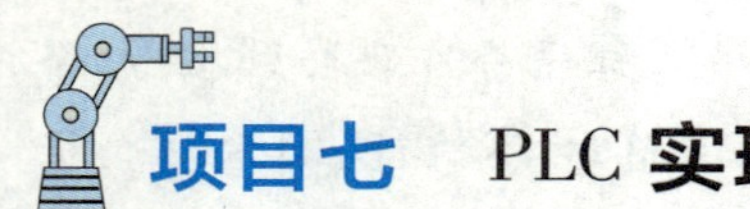

项目七　PLC 实现数码管顺序显示

▶项目目标

知识目标

(1)了解数码管的类型、结构及引脚排列;

(2)理解数码管顺序显示电路的工作原理;

(3)理解状态元件 S 和步进控制指令 STL、RET 的功能;

(4)了解步进控制的结构和步进程序的特点。

技能目标

(1)能识别并检测数码管的引脚;

(2)能分配数码管顺序显示电路的 I/O 地址;

(3)能画出数码管顺序显示电路的硬件 I/O 接线图;

(4)会编写数码管顺序显示电路的梯形图程序;

(5)能搭建数码管顺序显示电路;

(6)能下载程序并运行调试数码管顺序显示电路。

思政目标

(1)激发学生的学习兴趣,训练学生良好的操作习惯,培养学生严谨的科学态度;

(2)培养学生好学向上、积极动手、团结协作、吃苦耐劳等良好品质;

(3)培养学生的 7S 职业素养。

▶项目描述

生活中使用数码显示的电子产品非常多。如图 7-1 所示为工业生产线上使用数码管对产品进行计数的场景,每检测到一个产品,数码管就计一次数,它能迅速、直观地显示出当前生产产品的个数。本项目以数码管为控制对象,利用 PLC 的顺控指令 STL、RET 等,通过认识数码管顺序显示电路,编写数码管顺序显示控制程序,搭建并调试数码管顺序显示电路,实现数码管 0 ~ 9 的顺序显示控制效果。

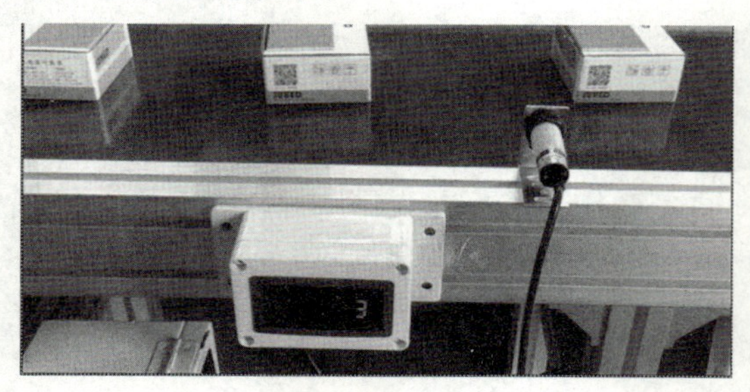

图 7-1　生产线计数器

任务一　认识数码管顺序显示电路

▶任务描述

数码管作为计数器显示数字主要有两种方式：一种为从小到大顺序计数，另一种为从大到小倒序计数。本任务将介绍数码管及顺序显示电路的结构、要求和实验模型。

▶任务准备

准备名称	准备内容	完成情况	负责人
实训工具	万用表 1 块		
实训器材	数码管 1 个、数码管实验模型 1 个		
学习资讯	教材、任务书		

▶任务实施

一、认识数码管

1. 数码管的结构

数码管内部有 8 只 LED，将 8 只 LED 拼成一个 8 字形加一个小数点，就是 8 字数码管，如图 7-2(a)所示，再将所有 LED 的某一相同极性端连接在一起引出公共脚，所有 LED 剩下的一端单独引出脚，再采取独特的封装技术，即可构成如图 7-2(b)所示的数码管。

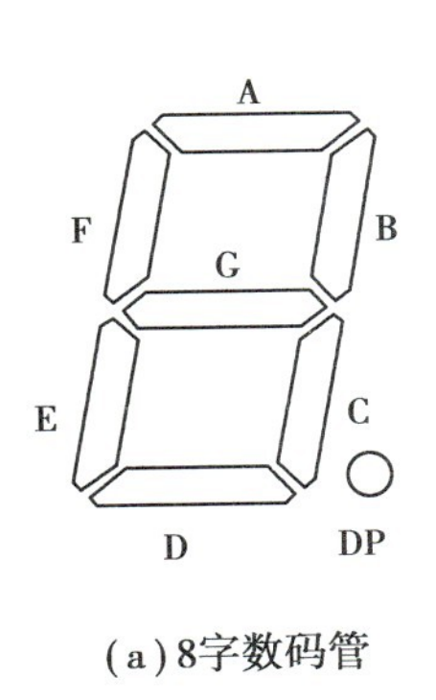

(a) 8字数码管

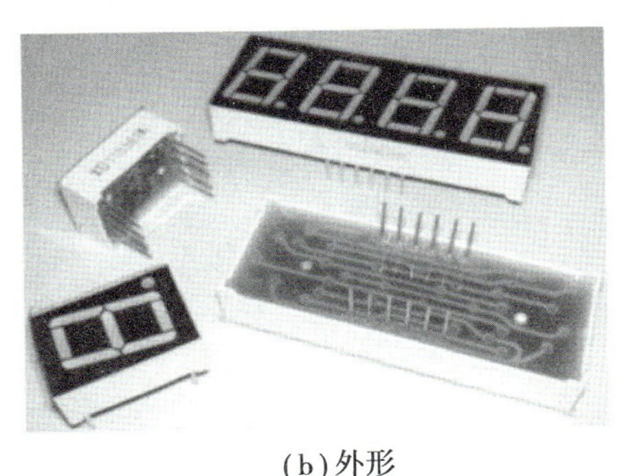

(b) 外形

图 7-2　数码管

2. 数码管的类型

数码管按照公共端的不同，分为共阴、共阳两种。共阳、共阴数码管如图 7-3 所示。数码管还可按照位数的不同分为一位、两位、三位、四位数码管，如图 7-4 所示。

3. 数码管的引脚

一位数码管的引脚排列顺序如图 7-5 所示。1、2、4、5 脚分别为数码管 e 段、d 段、c 段、dp 段；6、7、9、10 脚分别为数码管 b 段、a 段、f 段、g 段；3、8 脚为公共端 com。

4. 数码管显示控制

在实际数码管显示中，要把“0～9”的数字显示出来，七段数码管可通过不同的段位亮灭组合来实现。图7-6中列出了数码管显示各个数字发光段的组合（发光为高电平“1”），例如：当a、b、c、d、e、f 6个发光段发光（都为1）时，即显示数字“0”，而要显示数字“1”，则需要有b、c两个发光段发光。

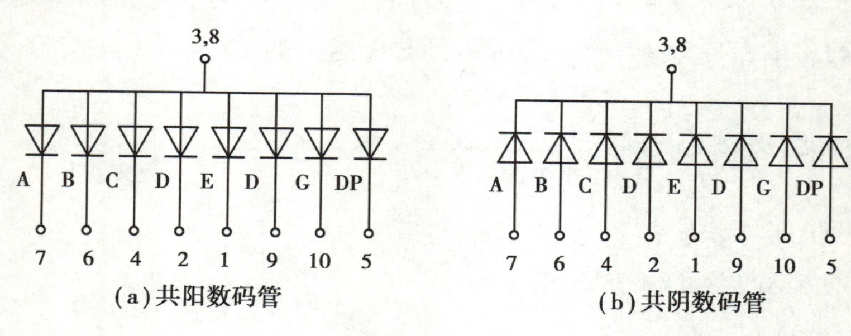

图7-3　共阳、共阴数码管

图7-4　不同位数的数码管

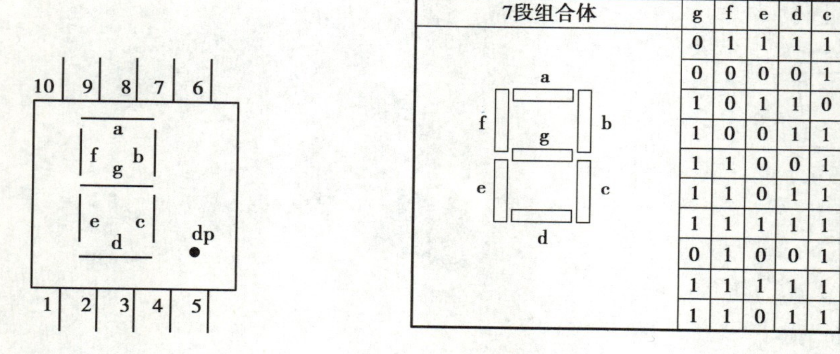

7段组合体	g	f	e	d	c	b	a	显示数字
	0	1	1	1	1	1	1	0
	0	0	0	0	1	1	0	1
	1	0	1	1	0	1	1	2
	1	0	0	1	1	1	1	3
	1	1	0	0	1	1	0	4
	1	1	0	1	1	0	1	5
	1	1	1	1	1	0	1	6
	0	1	0	0	1	1	1	7
	1	1	1	1	1	1	1	8
	1	1	0	1	1	1	1	9

图7-5　数码管引脚分布图　　　　图7-6　段位对应数字

二、认识数码管顺序显示电路的要求

本项目为使用PLC实现数码管顺序显示。具体要求为：当按下启动按钮，通过PLC控制8组数码管段位的亮灭，以1 s为间隔，依次顺序循环显示数字0～9。当按下停止按钮，数码管停止显示。

三、认识数码管顺序显示电路的结构

数码管顺序显示电路由启动按钮、停止按钮、PLC和8段数码管组成。其电路结构如图7-7所示。

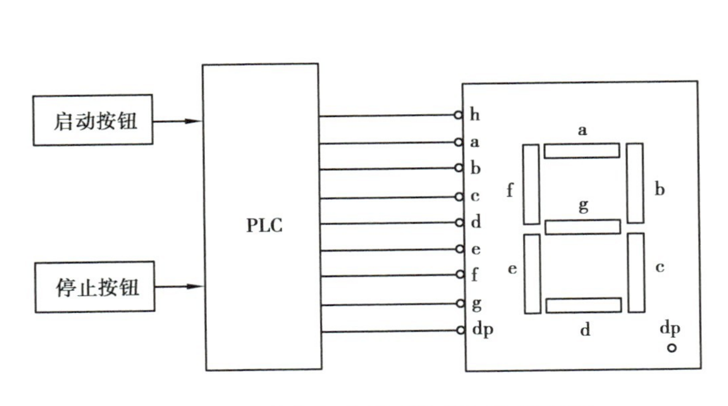

图 7-7　数码管顺序显示控制电路结构图

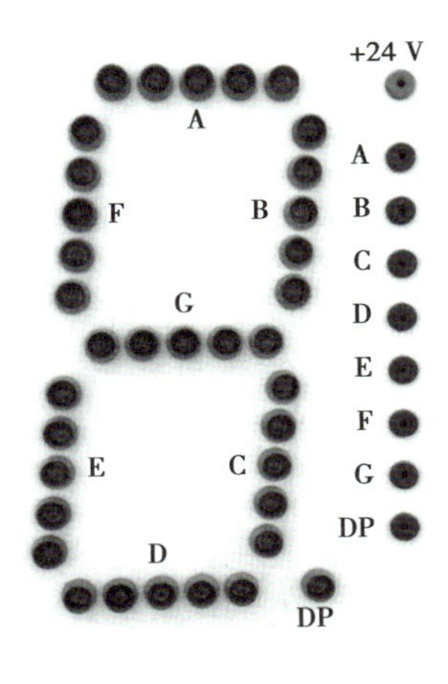

图 7-8　数码管实验模型

四、认识数码管实验模型

数码管实验模型如图 7-8 所示。模型中 A—G 每段分别由 5 只发光二极管串联组成，DP 由 1 只发光二极管组成，在内部每段的正极接到 +24 V 电源插孔，负极分别接到 A—DP 插孔。通过控制，可直接在数码管上显示数字 0 ~ 9，模拟真实的数码管显示效果。

▶任务练习

（1）数码管按照公共端的不同分为________和________；按照位数的不同分为________、________、________、________。

（2）画出数码管的引脚分布图。

▶任务评价

根据任务完成情况，如实填写表 7-1。

表 7-1　任务评价表

序号	评价要点	配分/分	得分/分	总评
1	能画出数码管的引脚分布图	10		A（80 分及以上）□ B（70 ~ 79 分）□ C（60 ~ 69 分）□ D（59 分及以下）□
2	能识别数码管的引脚	20		
3	能画出数码管顺序显示电路的结构图	30		
4	能认识数码管实验模型	20		
5	小组学习氛围浓厚，沟通协作好	10		
6	具有文明规范操作的职业习惯	10		
合计		100		

总结	完成本任务的收获	任务完成过程中遇到的问题	完成本任务的改进计划

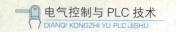

任务二　编写数码管顺序显示程序

▶任务描述

本项目任务一介绍了数码管顺序显示数字 0 ~ 9 控制电路的要求及结构，其实要实现该功能的方法有多种，本任务将利用 PLC 的顺控指令 STL、RET 等实现数码管顺序显示数字 0 ~ 9的控制。

▶任务准备

准备名称	准备内容	完成情况	负责人
实训器材	计算机、三菱 FX_{2N}-48MR 型 PLC、GX Developer 软件、数码管实验模型 1 个、按钮开关 2 个		
学习资讯	教材、任务书		

▶知识准备

一、状态元件 S

状态元件 S 是步进控制程序的重要软元件。状态元件 S 有多种功能，其中最常用的一般状态元件编号是 S0 ~ S499 共 500 个。具体状态元件 S 的分类见表 7-2。

表 7-2　状态元件 S 的分类

序号	分类	编号	说明
1	初始状态	S0 ~ S9	步进程序开始时使用
2	回原点状态	S10 ~ S19	系统返回原点位置时使用
3	通用状态	S20 ~ S499	实现顺序控制的各个步时使用
4	断电保持状态	S500 ~ S899	具有断电保持功能
5	外部故障诊断	S900 ~ S999	进行外部故障诊断时使用

二、步进控制指令 STL、RET

步进程序的运行控制使用 STL 和 RET 指令，其功能见表 7-3。

表 7-3　STL 和 RET 指令功能

基本指令	指令逻辑	指令功能
STL	状态驱动	驱动步进控制程序中每一个状态的执行
RET	步进运行结束	退出步进运行程序

三、单流程步进控制程序的基本结构

在三菱 PLC 的指令中，步进程序的每一步(状态)可表示设备运行的一个工序。顺序功能图的三要素分别是步、有向线段和转移条件。步进控制程序的基本结构如图 7-9 所示。

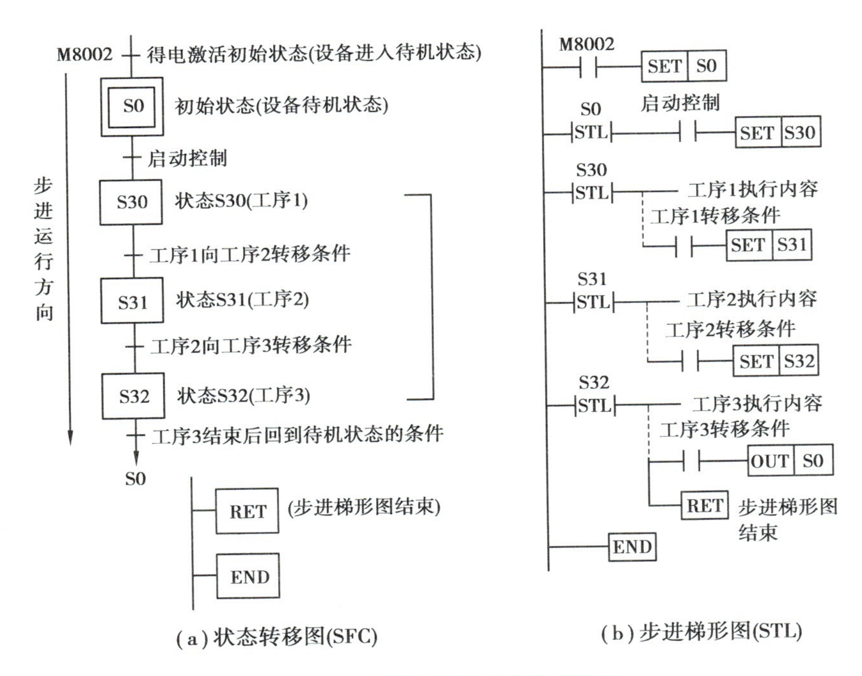

图 7-9　步进控制程序的基本结构

四、步进程序的特点

①要执行步进程序，首先要激活初始状态 S0。一般情况下，用特殊辅助继电器 M8002 在 PLC 得电时产生脉冲来激活 S0。

②步进程序中每个普通状态执行时，与上一状态是不接通的。当上一个状态执行完成后，即满足转移条件，就转移到下一个状态执行，而上一状态就会停止执行，从而保证了执行过程按工序的顺序进行控制。

③对步进程序中的每一个状态都需要先用 SET 指令置位，再用 STL 指令驱动。

④在步进梯形图中，不同的步可以出现双线圈。

⑤步进程序结束要使用指令 RET，如不写入 RET，程序会提示出错。

▶练一练

有 3 个灯初始状态都为熄灭，当打开开关后，按顺序依次亮 1 s 后回到初始状态。请编写出状态转移图和步进梯形图。

▶任务实施

一、分配数码管顺序显示电路的 I/O 地址

根据数码管顺序显示数字 0 ~ 9 的控制要求，可以确定数码管顺序显示电路的输入设备为 2 个，输出设备为一位数码管的 7 个段位。分配 PLC 控制数码管顺序显示电路的 I/O 地

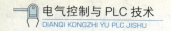

址见表 7-4。

表 7-4　数码管顺序显示 PLC 电路的 I/O 地址分配

输入端(I)				输出端(O)			
序号	输入设备	功能	端口编号	序号	输出设备	功能	端口编号
1	SB1	启动按钮	X000	1	数码管 a 端	控制 a 段亮灭	Y000
2	SB2	停止按钮	X001	2	数码管 b 端	控制 b 段亮灭	Y001
				3	数码管 c 端	控制 c 段亮灭	Y002
				4	数码管 d 端	控制 d 段亮灭	Y003
				5	数码管 e 端	控制 e 段亮灭	Y004
				6	数码管 f 端	控制 f 段亮灭	Y005
				7	数码管 g 端	控制 g 段亮灭	Y006

二、设计数码管流程图

PLC 控制数码管顺序显示数字 0 ~ 9 电路的工作流程图如图 7-10 所示。

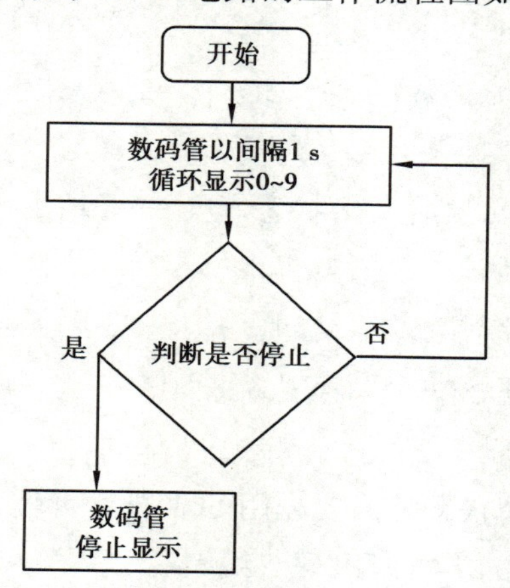

图 7-10　数码管顺序显示数字 0 ~ 9 电路的流程图

三、编写梯形图程序

1. 新建工程

打开 GX Developer 软件创建新工程,工程名称为“数码管顺序显示”,保存在 E 盘文件夹中。

2. 设计梯形图

根据 I/O 分配表,利用定时器 T 完成数码管每显示一个数字延时 1 s 的控制。延时 1 s 的指令为:T1　K10。设计数码管顺序显示数字 0 ~ 9 控制梯形图程序,如图 7-11 所示。

3. 录入梯形图程序

在 GX Developer 软件的“数码管顺序显示”工程下,对照图 7-11 录入数码管顺序显示梯形图程序并保存。

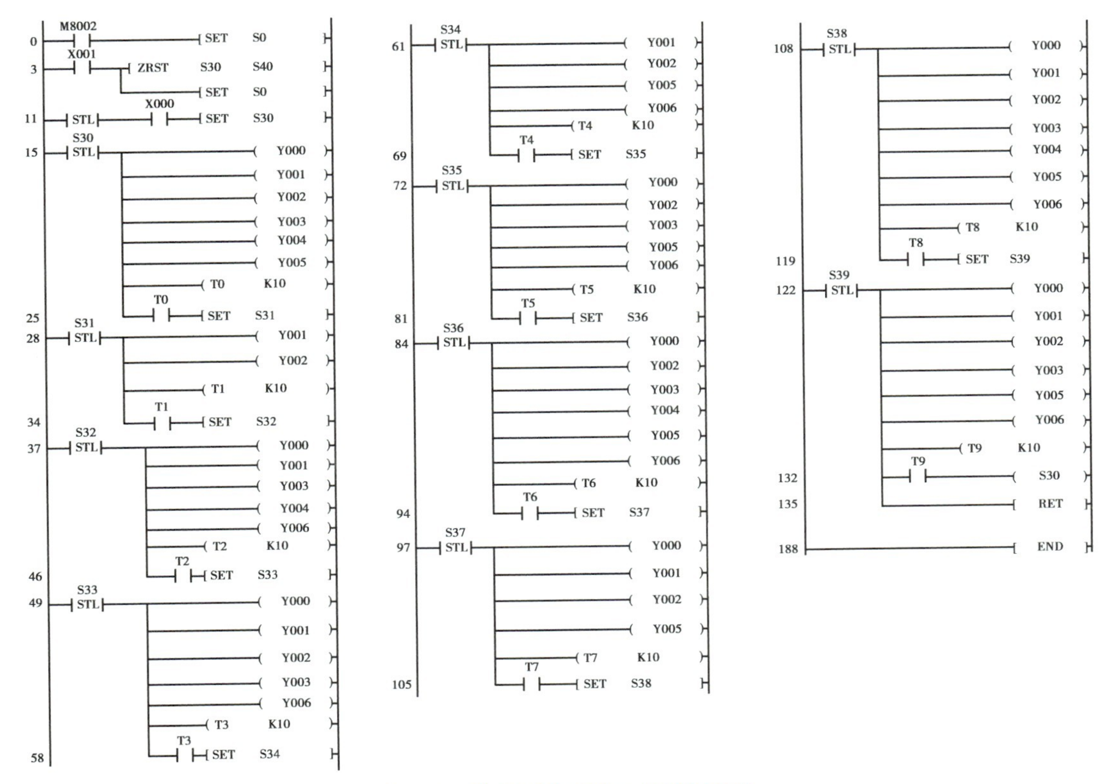

图 7-11　数码管顺序显示梯形图程序

4. 转换指令语句表

利用 GX Developer 软件，将“数码管顺序显示”的梯形图转为对应的指令语句表，并填写到表 7-5 中。

表 7-5　数码管顺序显示指令语句表

序号	操作码	操作数	序号	操作码	操作数	序号	操作码	操作数

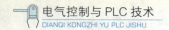

5. 检查梯形图程序

选择“工具”→“程序检查”命令，在弹出的“程序检查”对话框中单击“执行”按钮，对程序进行检查。程序检查完毕，如无误，在“程序检查”对话框的空白处会显示“MAIN　没有错误”的信息。

▶任务练习

(1)状态元件 S 是步进控制程序的重要软元件，初始状态编号为________，回原点状态编号为________，通用状态编号为________。

(2)状态驱动指令为________，步进运行结束指令为________。

▶任务评价

根据任务完成情况，如实填写表 7-6。

表 7-6　任务评价表

<table>
<tr><th>序号</th><th colspan="2">评价要点</th><th>配分/分</th><th>得分/分</th><th>总评</th></tr>
<tr><td>1</td><td colspan="2">能分配数码管顺序显示的 I/O 地址</td><td>10</td><td></td><td rowspan="7">A (80 分及以上) □
B (70 ~ 79 分) □
C (60 ~ 69 分) □
D (59 分及以下) □</td></tr>
<tr><td>2</td><td colspan="2">能设计数码管顺序显示流程图</td><td>20</td><td></td></tr>
<tr><td>3</td><td colspan="2">能编写数码管顺序显示 PLC 程序</td><td>30</td><td></td></tr>
<tr><td>4</td><td colspan="2">能转换数码管顺序显示指令语句表</td><td>20</td><td></td></tr>
<tr><td>5</td><td colspan="2">小组学习氛围浓厚，沟通协作好</td><td>10</td><td></td></tr>
<tr><td>6</td><td colspan="2">具有文明规范操作的职业习惯</td><td>10</td><td></td></tr>
<tr><td colspan="3">合计</td><td>100</td><td></td></tr>
<tr><td rowspan="2">总结</td><td>完成本任务的收获</td><td>任务完成过程中遇到的问题</td><td colspan="3">完成本任务的改进计划</td></tr>
<tr><td></td><td></td><td colspan="3"></td></tr>
</table>

任务三　安装并调试数码管顺序显示电路

▶任务描述

本项目任务二已经编写好了 PLC 控制的数码管顺序显示数字 0 ~ 9 电路的梯形图程序，本任务将在此基础上，搭建数码管顺序显示电路，下载数码管顺序显示的 PLC 程序，运行调试电路，实现数码管从 0 到 9 顺序显示效果。

▶任务准备

准备名称	准备内容	完成情况	负责人
实训工具	万用表 1 块、梅花螺丝刀 1 把、剥线钳 1 把		
实训器材	计算机、三菱 FX_{2N}-48MR 型 PLC、数码管实验模型 1 个、按钮开关 2 个、导线若干		
学习资讯	教材、任务表		

▶任务实施

一、搭建电路

按照数码管顺序显示电路的 I/O 地址分配表，参照图 7-12 所示数码管顺序显示电路硬件接线图，依次安装 PLC 的电源线、输入信号线、输出信号线。

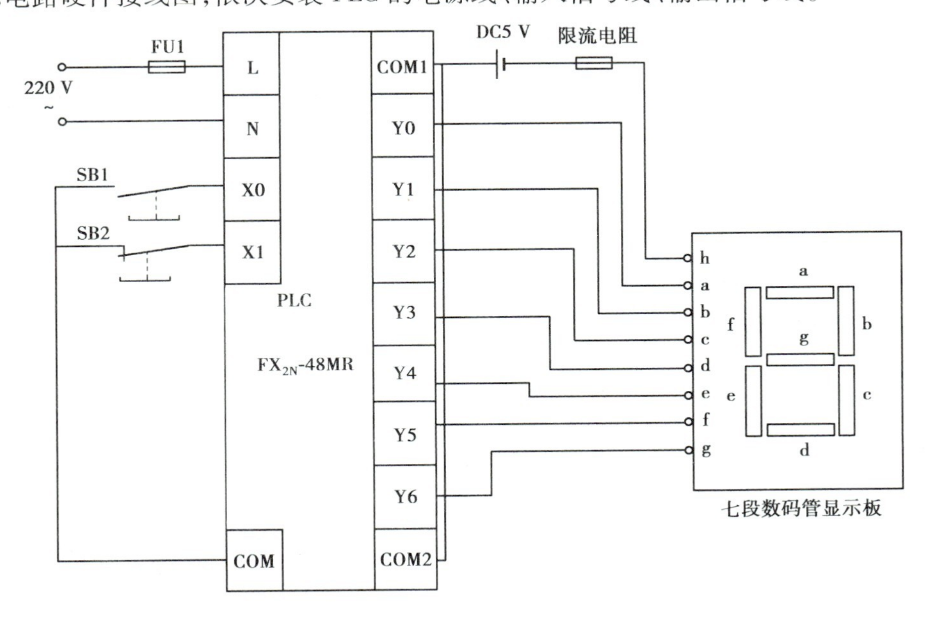

图 7-12　数码管顺序显示电路硬件接线图

1. 安装 PLC 电源线

接入交流电源：三菱 FX_{2N}系列 PLC 采用 220 V 交流电源供电，使用导线将实训台上 220 V 交流电源接到 PLC 主机的 L、N 接线端。

接入直流电源：使用导线将 PLC 主机模块直流 +24 V 供电电源连接数码管模型需要的 +24 V直流电源端口。

2. 安装 PLC 输入信号线

将按钮 SB1 的一端接在 PLC 的输入端 X0 上，将按钮 SB2 的一端接在 PLC 的输入端 X1 上，按钮 SB1、SB2 的另一端都接在 PLC 输入的公共端 COM。

3. 安装 PLC 输出信号线

PLC 的输出端与数码管各个段位的连线见表 7-7。

表 7-7　PLC 输出端接线表

PLC 输出口	对应数码管段位
Y0	a 端
Y1	b 端
Y2	c 端
Y3	d 端
Y4	e 端
Y5	f 端
Y6	g 端

二、下载程序

1. 连接 PLC 通信接口线

将 PLC 通信接口线的一端与计算机连接,另一端与 PLC 的下载口连接,并打开 PLC 的电源开关。

2. 下载程序

在计算机上打开 GX Developer 软件,调出编写好的"数码管顺序显示"梯形图程序,在确认该梯形图程序无误后,将编译好的程序下载写入 PLC 内部。

三、运行并调试数码管顺序显示电路

①检查电路:核对外部接线,确定外部接线无误。

②空载调试:在不接通数码管模型直流电源的情况下,将 PLC 的"STOP/RUN"开关置于"RUN"位置,按下按钮 SB1、SB2,观察 PLC 输出指示灯 Y0、Y1、Y2、Y3、Y4、Y5、Y6 的状态。

③系统调试:在接通数码管模型直流电源的情况下,按下启动按钮 SB1,数码管按要求顺序显示数字 0 ~ 9;按下停止按钮 SB2,显示马上停止;再按下启动按钮 SB1,又重新启动数码管顺序显示。

④反复测试:在运行调试过程中,如果有不符合要求的情况,要检查接线、数码管的焊接以及 PLC 程序,直至达到要求的显示效果。

▶任务练习

请使用 PLC 设计一个倒计时系统,要求数码管从 9 ~ 0 依次计数,每个显示数字间间隔 1 s。

①根据控制要求,填写 I/O 地址分配表。

输入地址		输出地址	
SB1	X000		

②完成该控制的梯形图程序。

③打开 GX Developer 软件,进行联机调试。

▶任务评价

根据任务完成情况,如实填写表 7-8。

表 7-8 任务评价表

序号	评价要点	配分/分	得分/分	总评
1	能搭接 PLC 控制数码管顺序显示电路	10		A(80 分及以上)□ B(70~79 分) □ C(60~69 分) □ D(59 分及以下)□
2	能下载 PLC 控制数码管顺序显示程序	20		
3	能运行调试 PLC 控制数码管顺序显示电路	25		
4	能实现 PLC 控制数码管顺序显示效果	25		
5	小组学习氛围浓厚,沟通协作好	10		
6	具有文明规范操作的职业习惯	10		
合计		100		

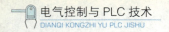

续表

	完成本任务的收获	任务完成过程中遇到的问题	完成本任务的改进计划
总结			

▶知识拓展

一、状态的编号

在步进程序中，每个状态都要有一个编号，而且每个状态的编号是不能相同的，但对于连续的状态，没有规定一定要用连续的编号，所以在编写程序时，为了方便修改程序，对于比较复杂的程序，一般对两个相邻的状态采用相隔 2～4 个数的编号会更科学。

二、程序中的元件双重输出

对于状态中的执行元件，要是在同一状态内，与普通的梯形图一样不能出现两个相同的执行元件；否则，会出现元件的双重输出现象，使程序控制出现问题。但在不同的状态中使用相同的执行元件，如输出继电器 Y、M 等，就不会出现元件又重输出的控制问题。所以在步进程序中，相同的执行元件在不同的状态使用是完全可以的。

三、转移条件

两个状态绝对不能直接相连，必须用一个转换条件（如何由这一状态进入到下一个状态的条件）将它们隔开。

▶项目练习

(1)最常用的一般状态元件 S 的编号是________共 500 个，其中 S0 为________，S10 为________，S20 为________。

(2)在步进程序中，每个 STL 指令都会与________指令共同使用，即每个状态都需要先用________指令置位，再用________指令驱动。步进程序结束要使用________指令，如不写，程序会提示出错。

(3)请使用 PLC 设计一个音乐喷泉系统。要求按下启动按钮后，音乐喷泉从低处向高处喷水，每个梯度时间间隔 2 s。

项目八　PLC 实现十字路口交通信号灯控制

▶项目目标

知识目标

(1)了解十字路口交通信号灯控制的特点；

(2)理解十字路口交通信号灯的控制过程；

(3)掌握十字路口交通信号灯的 I/O 地址分配表的填写方法；

(4)理解步进指令完成十字路口交通信号灯控制的顺序功能图；

(5)掌握单序列顺序功能图转换为指令的方法；

(6)理解 PLC 十字路口交通信号灯的设计原则与步骤；

(7)掌握下载与调试 PLC 十字路口交通信号灯程序的方法。

技能目标

(1)能判断十字路口交通信号灯的好坏；

(2)能正确使用步进指令编程；

(3)能写出十字路口交通信号灯控制的 I/O 地址分配表；

(4)能绘制十字路口交通信号灯的顺序功能图；

(5)能将顺序功能图转换为指令；

(6)能使用 PLC 编程软件编写控制十字路口交通信号灯的程序；

(7)能连接控制十字路口交通信号灯 PLC 电路；

(8)能下载并调试 PLC 程序，实现控制十字路口交通信号灯的功能。

思政目标

(1)激发学生的学习兴趣，训练学生良好的操作习惯，培养学生严谨的科学态度；

(2)培养学生好学向上、积极动手、团结协作、吃苦耐劳等良好品质；

(3)培养学生的 7S 职业素养。

▶项目描述

随着社会经济的发展，城市交通问题越来越引起人们的关注。人、车、路三者关系的协调，已成为交通管理部门需要解决的重要问题之一。十字信号交通灯在城市的大街小巷随处可见，如图 8-1 所示。本项目以十字路口交通信号灯 PLC 控制为载体，介绍利用 PLC 对十字路口红、黄、绿各色信号灯的状态进行自动转换，实现十字路口交通信号灯系统的自动化、智能化控制。

图 8-1　城市十字信号交通灯

任务一　认识十字路口交通信号灯控制电路

▶任务描述

十字路口车辆穿梭,行人熙熙攘攘,车行车道,人行人道,有条不紊。这一切依靠的是交通信号灯的自动指挥系统。本任务将学习十字路口交通信号灯的种类、电路结构、工作原理及实验模型。

▶任务准备

准备名称	准备内容	完成情况	负责人
实训工具	万用表		
实训器材	十字路口交通信号灯模型		
学习资讯	教材、任务书		

▶任务实施

一、认识信号交通灯

PLC控制信号交通灯

信号交通灯有两种:一种是控制机动车的交通灯称为机动车灯,如图 8-2 所示,通常由红、黄、绿(绿为蓝绿)3 种颜色灯组成用来指挥机动车的通行。绿灯亮时,准许车辆通行;黄灯闪烁时,已越过停止线的车辆可以继续通行,没有通过停止线的车辆应该减速慢行到停车线前停止并等待;红灯亮时,禁止车辆通行。另一种是控制行人的交通灯称为人行横道灯,如图 8-3 所示,通常指由红、绿两种颜色灯组成,用来指挥行人通行,红灯停,绿灯行。

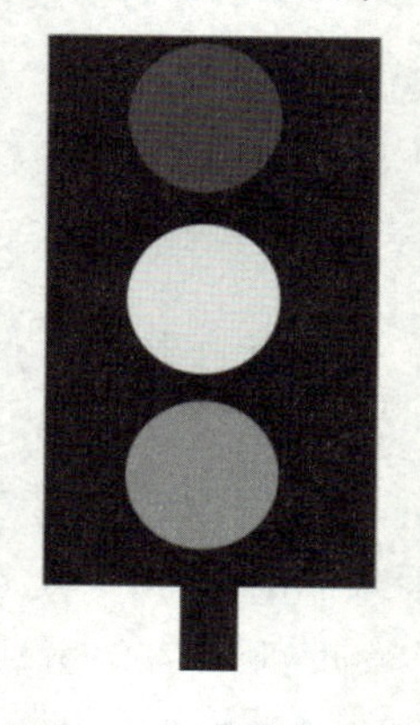

图 8-2　机动车灯

图 8-3　人行横道灯

十字路口交通信号灯通过控制红、绿、黄三色灯的亮灭时间来控制来往车辆和行人经过十字路口的时间,主要用于城市十字路口的交通信号控制,如图 8-4 所示。

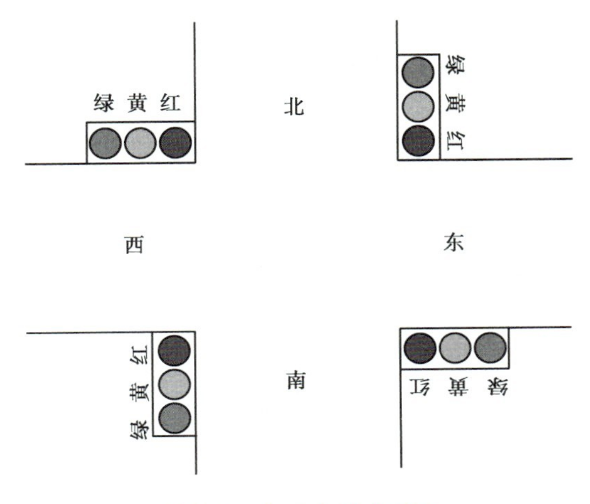

图 8-4　十字信号交通灯

二、了解十字路口交通信号灯的控制要求

在十字路口交通信号灯系统中，有一个启动开关，当启动开关接通时，信号灯系统开始工作。信号灯分为南北红灯、南北绿灯、南北黄灯、东西红灯、东西绿灯、东西黄灯。当南北红灯亮，并维持 25 s，在南北红灯亮时东西绿灯也亮，维持 20 s，东西绿灯闪烁 3 s 后熄灭，然后东西黄灯亮 2 s 后熄灭。接着东西红灯亮，南北绿灯亮。东西红灯亮，并维持 30 s。在东西红灯亮时，南北绿灯也亮，维持 25 s 后南北绿灯闪烁 3 s 后熄灭，南北黄灯亮 2 s 后熄灭。交通信号灯按以上方式周而复始地工作。当需要停止时，按下按钮 SB2，使 4 个方向的信号灯失电。同时为了保证下次启动正常，停止瞬间置位 SB1 等待程序运行，等待下次启动。

三、认识十字路口交通信号灯电路

十字路口交通信号灯电路由 PLC、启动按钮、停止按钮和 4 个方向的红、绿、黄灯及显示电路组成。电路框图如图 8-5 所示。

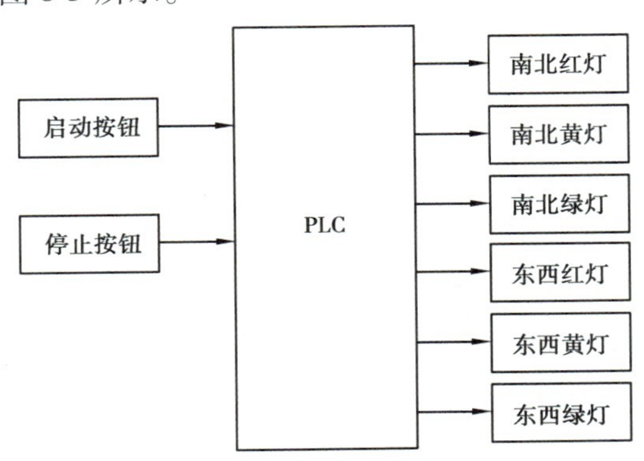

图 8-5　十字信号交通灯电路框图

四、认识十字路口交通信号灯实验模型

十字路口交通信号灯实验模型如图 8-6 所示，它包含了东南西北 4 个方向的交通信号灯及每个方向的人行横道信号灯，为了模拟真实的十字路口交通信号灯的变换效果，信号灯的颜色与实际生活中的交通信号灯颜色完全一致。在实际的十字路口交通信号灯系统中除了交通信号灯外，通常还有数码显示器、按钮等设备。

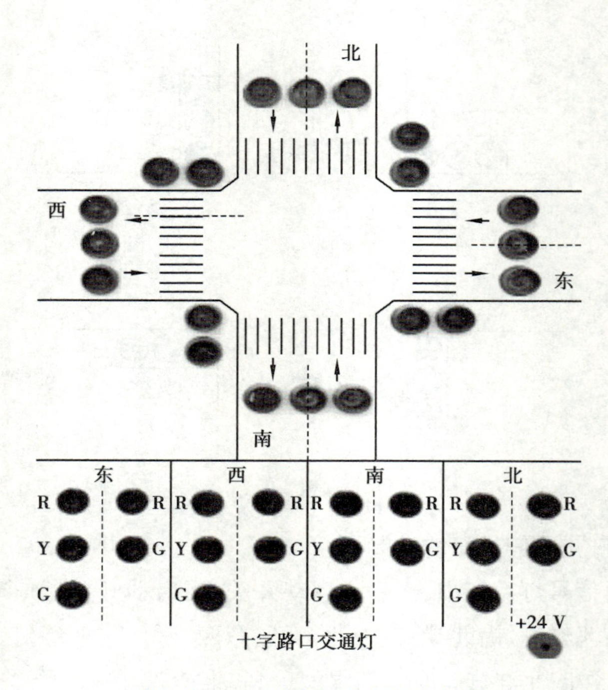

图 8-6 十字信号交通灯实验模型

▶任务练习

(1)信号交通灯有________和________两种。

(2)十字路口交通信号灯实验模型中 R、Y、G 的含义是什么?

(3)简述十字路口交通信号灯电路的工作原理。

▶任务评价

根据任务完成情况,如实填写表 8-1。

表 8-1 任务评价表

<table>
<tr><td>序号</td><td colspan="3">评价要点</td><td>配分/分</td><td>得分/分</td><td>总评</td></tr>
<tr><td>1</td><td colspan="3">能简述十字路口交通信号灯电路的组成</td><td>10</td><td></td><td rowspan="7">A (80 分及以上) □
B (70 ~ 79 分) □
C (60 ~ 69 分) □
D (59 分及以下) □</td></tr>
<tr><td>2</td><td colspan="3">能简述十字路口交通信号灯各部分的作用</td><td>30</td><td></td></tr>
<tr><td>3</td><td colspan="3">能理解十字路口交通信号灯的工作原理</td><td>30</td><td></td></tr>
<tr><td>4</td><td colspan="3">能简述十字路口交通信号灯的应用场所</td><td>10</td><td></td></tr>
<tr><td>5</td><td colspan="3">小组学习氛围浓厚,沟通协作好</td><td>10</td><td></td></tr>
<tr><td>6</td><td colspan="3">具有文明规范操作的职业习惯</td><td>10</td><td></td></tr>
<tr><td colspan="4">合计</td><td>100</td><td></td></tr>
<tr><td rowspan="2">总结</td><td>完成本任务的收获</td><td colspan="2">任务完成过程中遇到的问题</td><td colspan="3">完成本任务的改进计划</td></tr>
<tr><td></td><td colspan="2"></td><td colspan="3"></td></tr>
</table>

任务二　编写十字路口交通信号灯控制的 PLC 程序

▶任务描述

通过前一个任务的学习，了解了十字路口交通信号灯硬件电路的组成及其工作原理。本任务将学习十字路口交通信号灯的状态分配表、I/O 口地址分配表、顺序功能图和梯形图程序的设计流程和方法。

▶任务准备

准备名称	准备内容	完成情况	负责人
实训器材	计算机、三菱 FX_{2N}-48MR 型 PLC、GX Developer 软件、十字信号交通灯模型		
学习资讯	教材、任务书		

▶知识准备

单序列结构顺序功能图

单序列结构没有分支，由一系列按顺序排列、相继激活的步组成。每一步后面只有一个转换，每一个转换后面只有一个步，结构如图 8-7 所示。

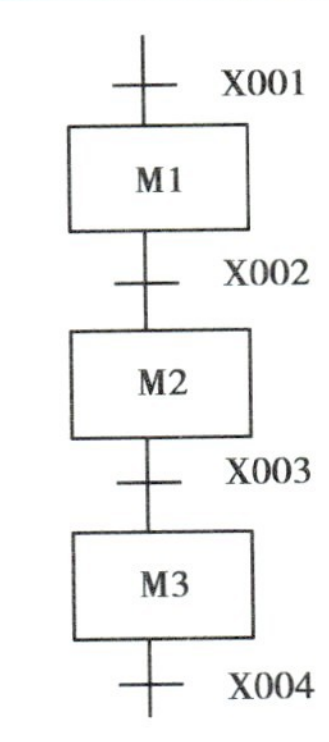

图 8-7　单序列结构顺序功能图

▶任务实施

一、分配十字路口交通信号灯状态

根据交通灯的工作原理分析，交通灯有 6 种状态，见表8-2。

表 8-2　十字路口交通信号灯状态表

状态	亮灯情况	车辆通行情况
状态 1	南北红灯亮(20 s)，东西绿灯亮(20 s)	南北方向禁行，东西方向通行
状态 2	南北红灯亮(3 s)，东西绿灯闪烁(3 s)	南北方向禁行，东西方向通行
状态 3	南北红灯亮(2 s)，东西黄灯灯亮(2 s)	南北方向禁行，东西方向慢行
状态 4	东西红灯亮(25 s)，南北绿灯亮(25 s)	东西方向禁行，南北方向通行
状态 5	东西红灯亮(3 s)，南北绿灯闪烁(3 s)	东西方向禁行，南北方向通行
状态 6	东西红灯亮(2 s)，南北黄灯灯亮(2 s)	东西方向禁行，南北方向慢行

二、分配十字路口交通信号灯地址

根据十字路口交通信号灯的控制要求，确定十字路口交通信号灯电路的输入设备有 2 个，输出设备有 6 个。PLC 的 I/O 地址分配见表 8-3。

表 8-3 十字路口交通信号灯 I/O 地址分配表

输入端(I)				输出端(O)			
序号	输入设备	功能	端口编号	序号	输出设备	功能	端口编号
1	SB1	停止按钮	X000	1	L1	控制南北红灯	Y000
2	SB2	启动按钮	X001	2	L2	控制南北绿灯	Y001
				3	L3	控制南北黄灯	Y002
				4	L4	控制东西红灯	Y003
				5	L5	控制东西绿灯	Y004
				6	L6	控制东西黄灯	Y005

三、设计十字路口交通信号灯顺序功能图

根据十字路口交通信号灯的状态分配表,确定十字路口交通信号灯显示控制顺序功能图,如图 8-8 所示。

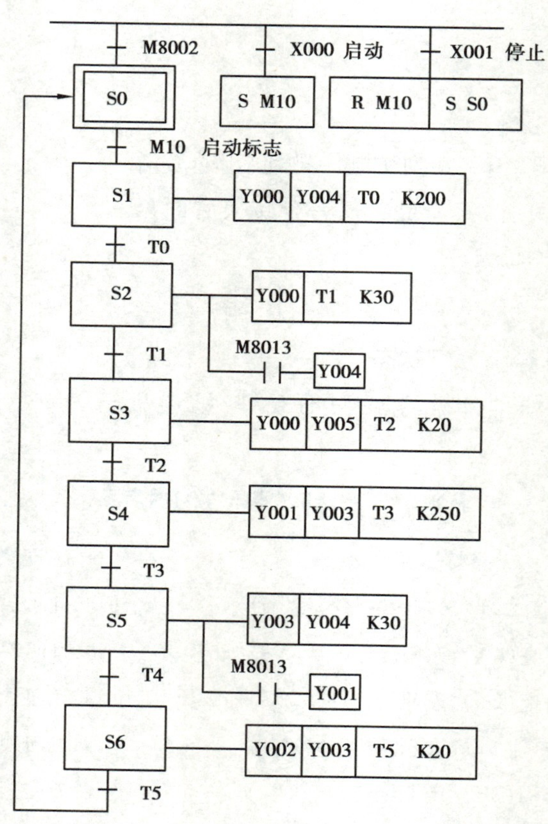

图 8-8 十字路口交通信号灯显示控制顺序功能图

四、编写十字路口交通信号灯梯形图程序

1. 新建工程

使用 GX Developer 软件创建新工程,工程名称为“十字路口交通信号灯控制”,保存在 E 盘文件夹中。

2. 设计梯形图

根据 I/O 分配表，利用定时器 T 完成南北红、绿、黄和东西红、绿、黄 6 个信号交通灯的控制，设计十字路口交通信号灯控制梯形图程序，如图 8-9 所示。

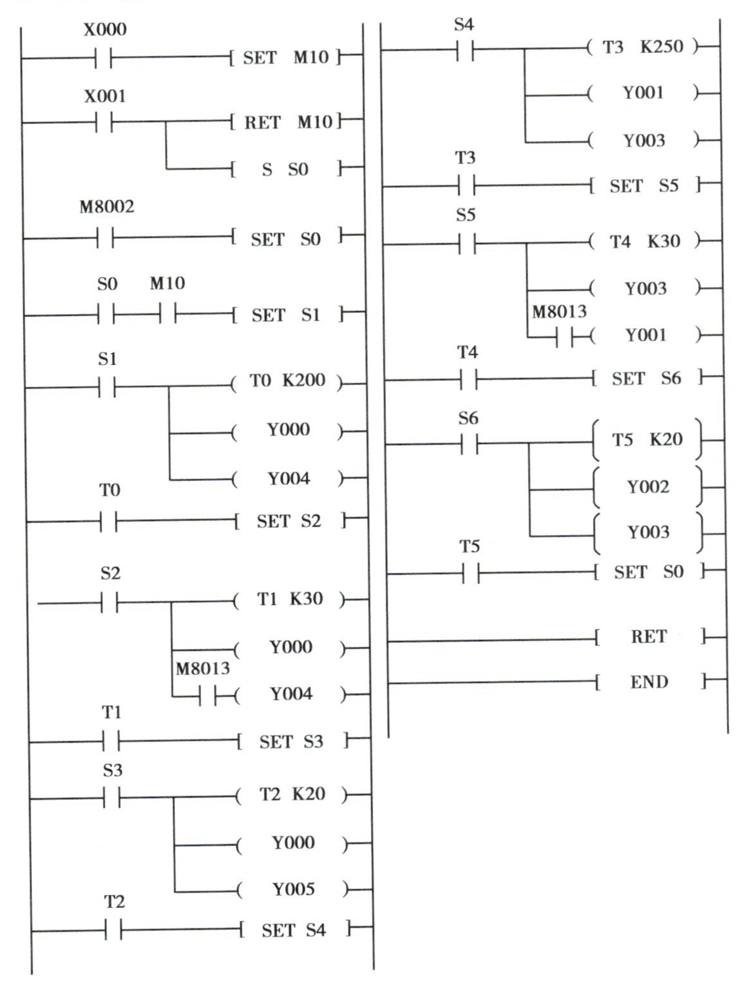

图 8-9　十字路口交通信号灯梯形图程序

3. 录入梯形图程序

打开 GX Developer 软件的“十字路口交通信号灯控制”工程，录入十字信号交通灯梯形图程序并保存。

4. 转换指令语句表

利用 GX Developer 软件，将十字路口交通信号灯的梯形图转为对应的指令语句表，并填写表 8-4。

5. 检查梯形图程序

选择“工具”→“程序检查”命令，在弹出的“程序检查”对话框中单击“执行”按钮，对程序进行检查。程序检查完毕，如无误，在“程序检查”对话框的空白处会显示“MAIN　没有错误”的信息。

表 8-4　十字路口交通信号灯指令语句表

序号	操作码	操作数	序号	操作码	操作数	序号	操作码	操作数

▶任务练习

(1)十字路口交通信号灯在接线时,有哪些需要注意的地方?

(2)设计某个十字路口交通信号灯控制电路,按下启动按钮时,以图 8-10 的工序图依次控制 4 个方向的交通灯的工作状态。按下停止按钮,交通灯全部熄灭。

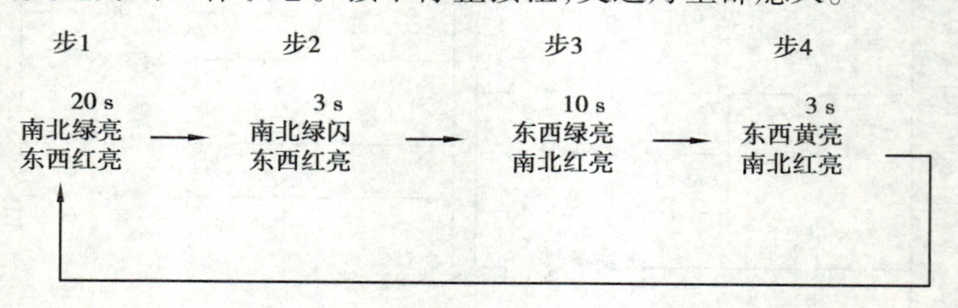

图 8-10　信号交通灯工序图

①根据控制要求,填写 I/O 地址分配表。

输入地址		输出地址	
SB1	X000		

②完成该控制的梯形图程序。

③打开 GX Developer 软件,进行联机调试。

▶任务评价

根据任务完成情况,如实填写表 8-5。

表 8-5 任务评价表

序号	评价要点	配分/分	得分/分	总评
1	能根据控制要求列出十字路口交通信号灯状态表	10		A(80 分及以上)□ B(70~79 分)□ C(60~69 分)□ D(59 分及以下)□
2	能确定十字路口交通信号灯电路的输入、输出设备	10		
3	会根据控制要求绘制十字路口交通信号灯单序列顺序功能图	30		
4	会使用步进指令编写十字路口交通信号灯的梯形图程序	30		
5	小组学习氛围浓厚,沟通协作好	10		
6	具有文明规范操作的职业习惯	10		
合计		100		

总结	完成本任务的收获	任务完成过程中遇到的问题	完成本任务的改进计划

任务三 安装并调试十字路口交通信号灯控制电路

▶任务描述

用 PLC 实现十字路口交通信号灯的控制比较方便,且编程简单、易懂。本任务在前面的基础上,将完成安装十字路口交通信号灯电路、下载十字信号交通灯电路的 PLC 程序、运行调试电路,实现十字路口交通信号灯的控制要求。

▶任务准备

准备名称	准备内容	完成情况	负责人
实训工具	万用表		
实训器材	计算机、GX Developer 软件、三菱 FX_{2N}-48MR 型 PLC、十字路口交通信号灯模型、导线若干		
学习资讯	教材、任务书		

▶知识准备

指令语句表(IL)是与汇编语言类似的一种助记符编程语言,和汇编语言一样由操作码和操作数组成。在无计算机的情况下,适合采用 PLC 手持编程器对用户程序进行编制。同时,指令表语言与梯形图程序一一对应,在 PLC 编程软件下可以相互转换,如图 8-11 所示。

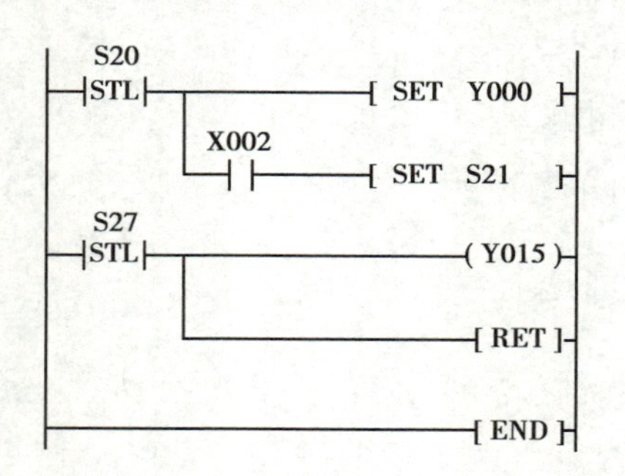

序号	操作码	操作数
0	STL	S20
1	SET	Y000
2	LD	X002
3	SET	S21
4	STL	S27
5	OUT	Y015
6	RET	T2
7	END	T3

图 8-11　PLC 梯形图与指令语句表

▶任务实施

一、安装十字路口交通信号灯控制电路

根据十字路口交通信号灯的 I/O 地址分配表,参照图 8-12 所示的十字路口交通信号灯电路硬件 I/O 接线图,依次安装 PLC 的电源线、输入信号线、输出信号线。

1. 安装 PLC 电源线

三菱 FX_{2N} 系列 PLC 采用 220 V 交流电源供电,从实训台上将电源供电接到 PLC 主机的 L、N 接线端。

主机模块直流 +24 V 与十字信号交通灯的 24 V 连接;0 V 为公共端与所用输出端的 COM 连接。

2. 安装 PLC 输入信号线

本任务有 2 个输入信号,将按钮 SB1、SB2 的一端分别接在 PLC 的输入端 X0、X1 上,按钮 SB1、SB2 的另一端分别都接在 PLC 输入的公共端 COM 上。

3. 安装 PLC 输出信号线

本任务有 6 个输出信号,接线方式见表 8-6。

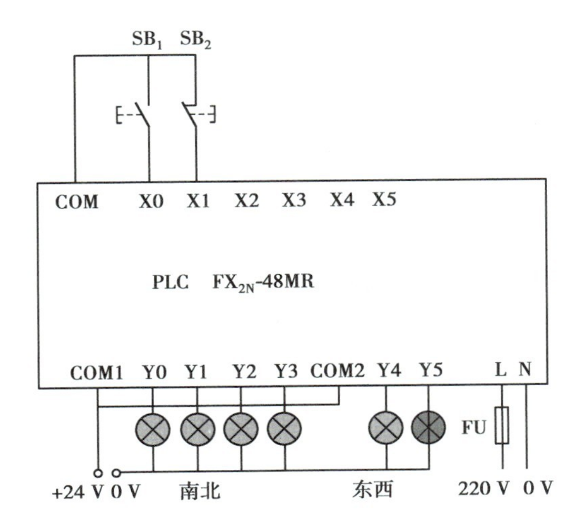

8-12　十字路口交通信号灯电路硬件 I/O 连线图

表 8-6　十字路口交通信号灯输出信号接线表

PLC 输出接口
Y0——L1 正极；L1 负极——0 V
Y1——L2 正极；L2 负极——0 V
Y2——L3 正极；L3 负极——0 V
Y3——L4 正极；L4 负极——0 V
Y4——L5 正极；L5 负极——0 V
Y5——L6 正极；L6 负极——0 V
PLC 输出公共端 COM 连接 24 V

二、下载程序

1. 连接 PLC 通信接口线

将 PLC 通信接口线的一端与计算机连接,另一端与 PLC 的下载口连接。

2. 下载程序

在计算机上打开 GX Developer 软件,调出编写好的“十字路口交通信号灯”梯形图程序,在确认该梯形图程序无误后,将编译好的程序下载写入 PLC 内部。

三、运行并调试十字路口交通信号灯电路

①检查电路:核对外部接线,确定外部接线无误。

②空载调试:断开负载的接线,将 PLC 的“STOP/RUN”开关置于“RUN”位置, 按下按钮 SB1、SB2,观察 PLC 输出指示灯 Y0、Y1、Y2、Y3、Y4、Y5 的状态。

③系统调试:接通负载,按下启动按钮 SB1,观察交通灯的运行情况。

a. 南北红灯常亮 25 s,同时东西绿灯常亮 20 s,再闪烁 3 s,东西黄灯常亮 2 s 后熄灭。

b. 东西红灯常亮 30 s,同时南北绿灯常亮 25 s,再闪烁 3 s,南北黄灯常亮 2 s 后熄灭。

c. 按下停止按钮 SB2,信号灯系统停止工作。

▶任务练习

(1)十字路口交通信号灯在调试前,需要检查哪些地方?

(2)请根据图 8-13 所示,画出交通灯的地址分配表。

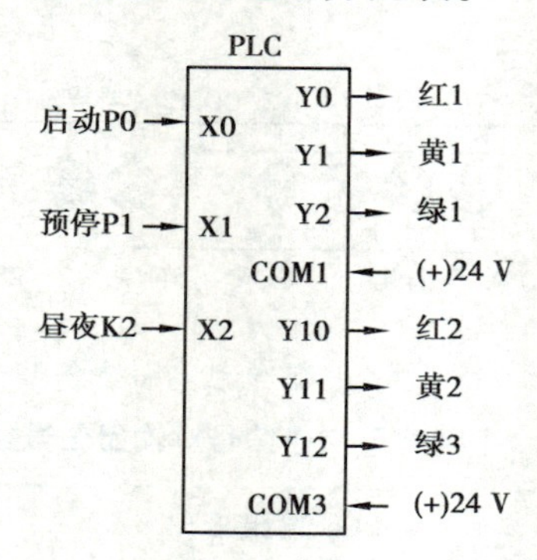

图 8-13　交通灯的硬件 I/O 连线图

输入端(I)				输出端(O)			
序号	输入设备	功能	端口编号	序号	输出设备	功能	端口编号

(3)试结合单序列结构顺序图完成十字路口交通信号灯的梯形图设计,按下启动按钮,南北红灯常亮 25 s,同时东西绿灯先常亮 20 s,再闪烁 3 s 后熄灭,东西黄灯常亮 2 s 后熄灭;东西红灯常亮 25 s,同时南北绿灯先常亮 20 s,再闪烁 3 s 后熄灭,南北黄灯常亮 2 s 后熄灭,如此周而复始。按下停止按钮,交通灯全部熄灭。

①根据控制要求,填写 I/O 地址分配表。

输入地址		输出地址	
SB1	X000		

②完成该控制的梯形图程序。

③打开 GX Developer 软件，进行联机调试。

▶任务评价

根据任务完成情况，如实填写表 8-7。

表 8-7　任务评价表

序号	评价要点	配分/分	得分/分	总评
1	能完成十字路口交通信号灯输入信号的接线	10		A（80 分及以上）□ B（70～79 分）□ C（60～69 分）□ D（59 分及以下）□
2	能完成十字路口交通信号灯输出信号的接线	10		
3	能下载十字路口交通信号灯的程序	20		
4	能调试十字路口交通信号灯，实现控制效果	40		
5	小组学习氛围浓厚，沟通协作好	10		
6	具有文明规范操作的职业习惯	10		
合计		100		
总结	完成本任务的收获	任务完成过程中遇到的问题	完成本任务的改进计划	

▶知识拓展

一、步进顺控指令的使用方法

FX 系列 PLC 的步进指令有两条：步进触点驱动指令 STL 和步进返回指令 SET，如图 8-14所示。

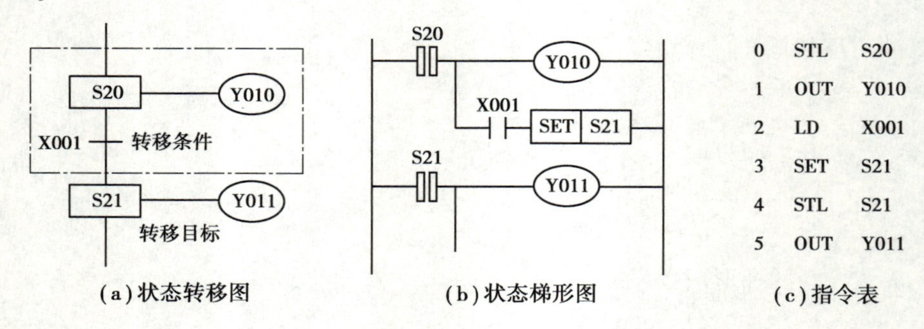

图 8-14 步进指令助记符与功能

步进触点指令只有常开触点，连接步进触点的其他继电器触点用指令 LD 或 LDI 开始。步进返回指令(SET)用于状态(S)流程结束时，返回主程序(母线)。步进指令在状态转移图和状态梯形图中的表示如图 8-15 所示。

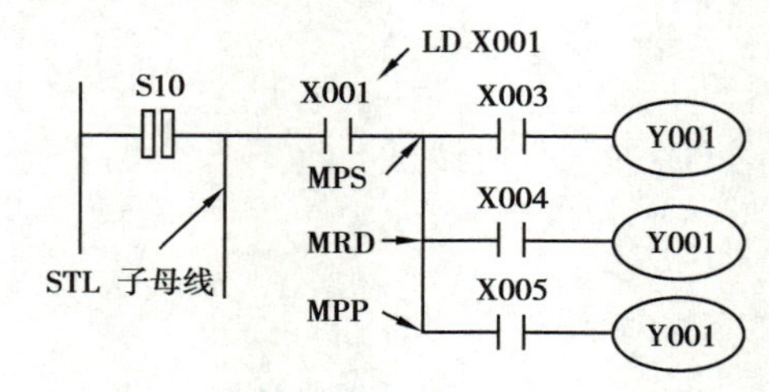

图 8-15 步进指令表示方法

二、步进顺控指令的注意事项

栈操作指令 MPS/MRD/MPP 在状态内不能直接与步进触点指令后的新母线连接，应接在 LD 或 LDI 指令之后，如图 8-16 所示。

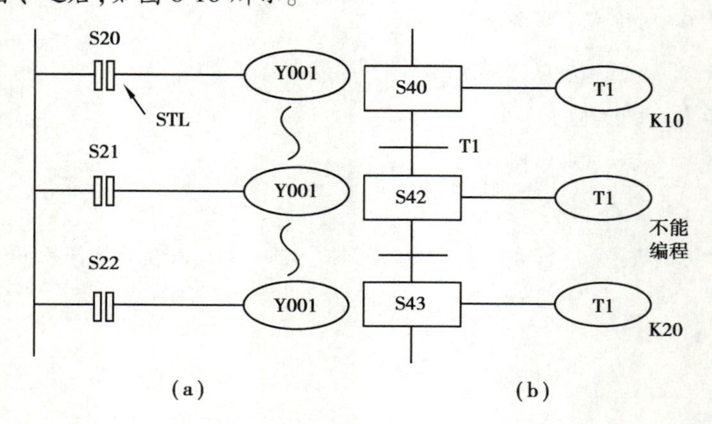

图 8-16 栈操作指令在状态内的正确使用

允许同一编号元件的线圈在不同的 STL 触点后面多次使用。但是应注意，同一编号的定时器线圈不能在相邻的状态中出现。在同一个程序段中，同一状态继电器地址号只能使用一次。

为了避免电机正反转时两个线圈同时接通短路，在状态内可实现输出线圈互锁。状态程序的起始必须使用初始状态 S0～S9。在 SFC 中初始状态要用双线矩形框表示，并要由其他条件或 M8002 激发启动它运行，如图 8-17 所示。

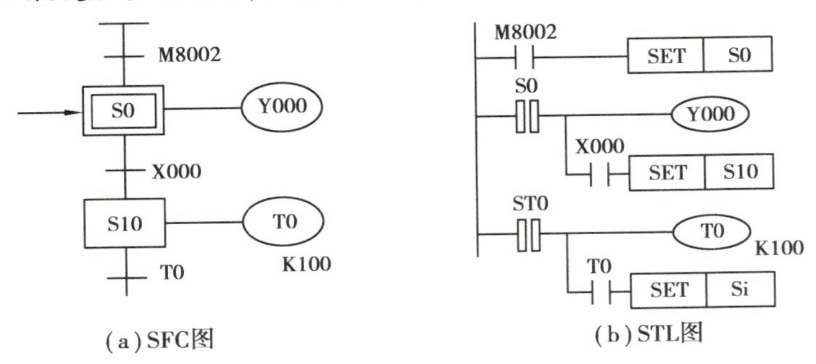

图 8-17　输出线圈互锁

▶项目练习

(1) M8002 的功能是________，M8013 的功能是________。

(2) 请根据图 8-18 所示，试编写交通灯的梯形图程序。

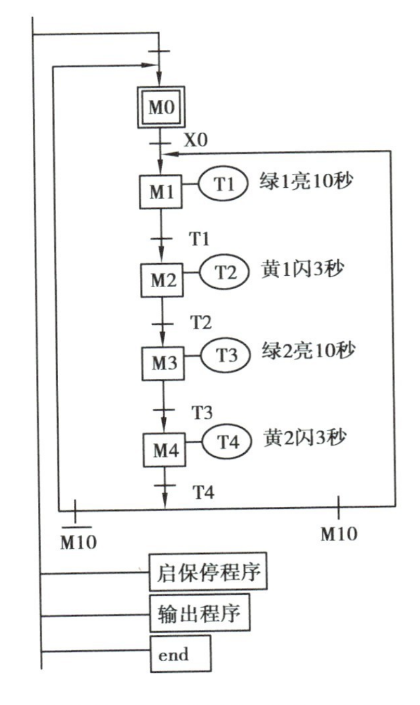

图 8-18　交通灯单序列顺序结构图

(3) 请结合本任务的学习，将图 8-18 所示的梯形图程序转换为相应的指令语句表，并填写表8-8。

表8-8　交通灯指令语句表

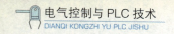

序号	操作码	操作数	序号	操作码	操作数	序号	操作码	操作数

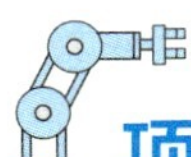

项目九　利用 PLC 实现搅拌机控制

▶项目目标

知识目标

(1)了解搅拌机电路的特点；

(2)理解搅拌机电路的控制过程；

(3)掌握完成搅拌机控制的 PLC 基本指令；

(4)掌握 PLC 搅拌机控制的设计原则与步骤；

(5)掌握下载与调试 PLC 搅拌机程序的方法。

技能目标

(1)能认识搅拌机；

(2)能判断搅拌机的好坏；

(3)能写出搅拌机控制的 I/O 地址分配表；

(4)能绘制搅拌机 PLC 外部接线图；

(5)能使用 PLC 编程软件编写搅拌机控制的程序；

(6)能使用 PLC 仿真软件调试搅拌机控制的程序。

思政目标

(1)激发学生的学习兴趣，训练学生良好的操作习惯，培养学生严谨的科学态度；

(2)培养学生好学向上、积极动手、团结协作、吃苦耐劳等良好品质；

(3)培养学生的 7S 职业素养。

▶项目描述

在建筑行业、化工行业、食品加工行业等生产用料需求量大的领域，搅拌机系统是广泛应用的生产设备，如图 9-1 所示。搅拌机系统能使反应物混合均匀，且温度均匀。本项目着重介绍基于三菱 FX_{2N}-48MR 的搅拌机 PLC 控制，实现对物料混合的自动搅拌控制。为了便于实作实训，特以两种液体作为混合的物料。

图 9-1　建筑工地上的搅拌机

任务一　认识搅拌机控制电路

▶任务描述

在我国的城市化进程中，搅拌机得到了广泛应用和高速发展。如今的搅拌机正朝着智能化、高精度化、自动控制化等方向发展。本任务将学习搅拌机的结构、控制电路及工作原理。

▶任务准备

准备名称	准备内容	完成情况	负责人
实训器材	计算机、三菱 FX_{2N}-48MR 型 PLC、搅拌机模型		
学习资讯	教材、任务书		

▶任务实施

一、认识搅拌机

常见的搅拌机有建筑领域使用的混凝土搅拌机、化工领域使用的多种液体混合搅拌机及食品加工领域使用的多种液体或者液体与固体混合搅拌机等，如图 9-2 所示。

图 9-2　常见搅拌机

搅拌机的主要结构包括搅拌罐罐体、搅拌电动机、电磁阀、液面传感器、交流接触器等。搅拌罐罐体为几种液体的混合容器，搅拌电动机用于混匀液体，电磁阀用于控制几种液体分别进入混合容器或放出混合容器，高中低液面传感器用来控制各种液体流入容器的量，交流接触器用来控制搅拌机的正反转以混匀液体。

二、认识搅拌机主要电路

在实训室以多种液体混合装置来模拟搅拌机的工作原理。多种液体混合装置的 PLC 控制接线图如图 9-3 所示。

搅拌机主电路主要控制搅拌用电动机，该电动机有正转和反转两种运行状态。图 9-3 中左边部分是电机正反转电路图，右边部分是 PLC 控制接线图。电机的正反转是通过改变三相电流的相序实现的，拥有短路保护、过载保护等。

三、搅拌机的工作原理

如图 9-4 所示为多种液体混合装置示意图。其中 SL1、SL2、SL3 分别为高、中、低液面传感器，液面淹没时接通；SL1、SL2 液面传感器用于控制液体 A、B 的流入量，SL2 的位置可调；SL3 液面传感器控制混合液的排出延时，以保证每次搅拌均匀的混合液排尽。两种液体的输入和混合液体放液阀门分别由电磁阀 YV1、YV2、YV3 控制，电磁阀 YV1 控制液体 A 的流入；电磁阀 YV2 控制液体 B 的流入；电磁阀 YV3 控制液体 A、B 混合均匀后的排出。M 为搅拌用电动机，用于驱动桨叶将液体搅匀。

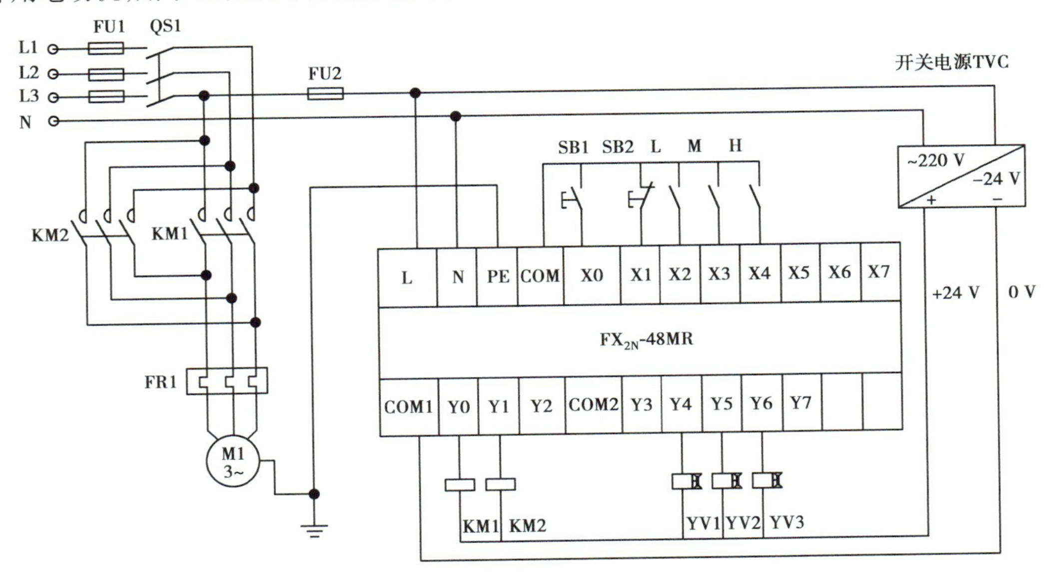

图 9-3　多种液体混合装置的主电路及 PLC 控制接线图

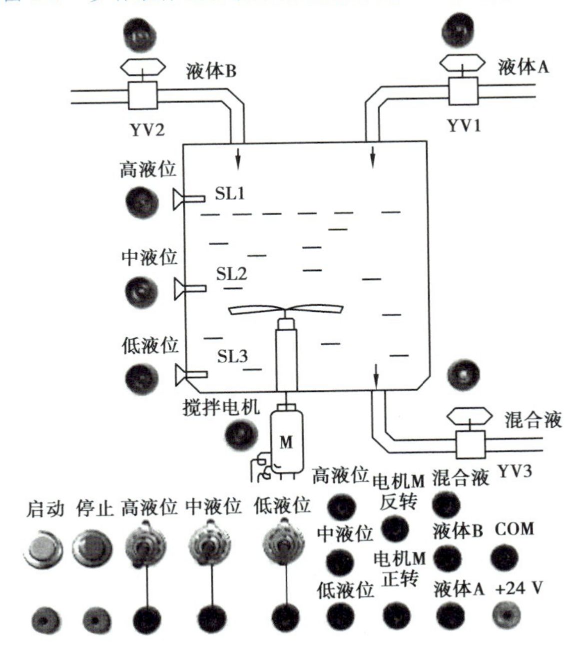

图 9-4　多种液体混合装置示意图

▶任务练习

(1)搅拌机主要用于哪些行业?

(2)简述搅拌机主电路的工作原理及保护措施。

(3)简述搅拌机控制电路中的 3 个液面传感器的作用。

(4)简述搅拌机控制电路中的 3 个电磁阀的作用。

▶任务评价

根据任务完成情况,如实填写表9-1。

表9-1　任务过程评价表

序号	评价要点	配分/分	得分/分	总评
1	能简述搅拌机的组成	10		A(80分及以上)□ B(70~79分)□ C(60~69分)□ D(59分及以下)□
2	能读懂搅拌机的主要电路图	20		
3	能简述搅拌机的电机、电磁阀、液面传感器的作用	30		
4	能简述搅拌机的工作原理	20		
5	小组学习氛围浓厚,沟通协作好	10		
6	具有文明规范操作职业习惯	10		
合计		100		
总结	完成本任务的收获	任务完成过程中遇到的问题	完成本任务的改进计划	

任务二　编写搅拌机控制的PLC程序

▶任务描述

搅拌机PLC控制的控制步较多,面对复杂的设计,需要配置好I/O端口,画出顺序功能图,根据顺序功能图编写程序。本任务将学习搅拌机的控制PLC程序设计。

▶任务准备

准备名称	准备内容	完成情况	负责人
实训平台(器件)	计算机、三菱FX_{2N}-48MR型PLC、GX Developer软件、搅拌机模型		
学习资讯	教材、任务书		

▶知识准备

一、选择序列编程

当某个状态的转移条件超过一个时,需要用选择序列编程,启—保—停电路编程法可对选择序列进行顺序控制编程。启—保—停电路的中间编程元件为辅助继电器M。在梯形图中,为了实现当前步为活动步且满足转换条件成立时,才进行步的转换。启—保—停电路编程法总是将代表前级步的辅助继电器的常开触点与对应的转换条件触点串联,作为激活后续步辅助继电器的启动条件；当后续步被激活，对应的前级步停止，所以用代表后续步的辅助继电器的常闭触点与前级步的电路串联作为停止条件。

选择序列编程的关键点在于选择性分支处编程与选择性合并处编程。

1. 分支处编程

若某步后有一个由 N 条分支组成的选择程序，该步可能转按到不同的 N 步去，则应将这 N 个后续步对应的辅助继电器的常闭触点与步线圈串联，作为该步的停止条件，分支序列顺序功能图与梯形图的转化，如图 9-5 所示。

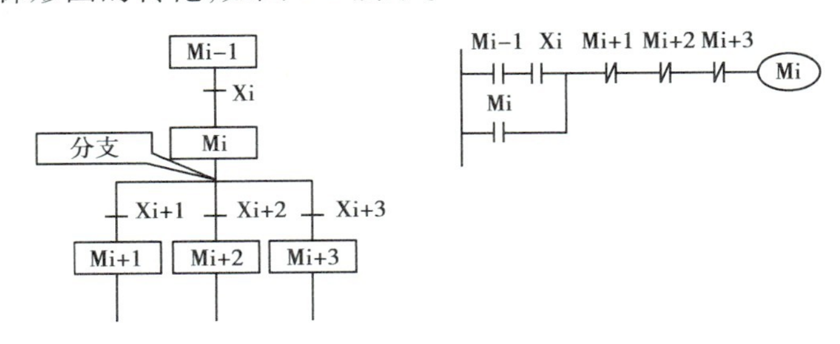

图 9-5　分支处顺序功能图与梯形图的转化

在顺序功能图中，步 Mi 后有 1 个选择程序分支，Mi 的后续步分别为 Mi + 1、Mi + 2、Mi + 3，若这 3 步有 1 步为活动步，Mi 都应变为不活动步，故将 Mi + 1、Mi + 2、Mi + 3 的常闭触点与 Mi 线圈串联，作为该步的停止条件。

2. 合并处编程

对于选择程序的合并，若某步之前有 N 个转换，即有 N 条分支进入该步，则控制代表该步的辅助继电器的启动电路由 N 条支路并联而成，每条支路都由前级步辅助继电器的常开触点与转换条件的触点构成的串联电路组成，合并处顺序功能图与梯形图的转化如图 9-6 所示。

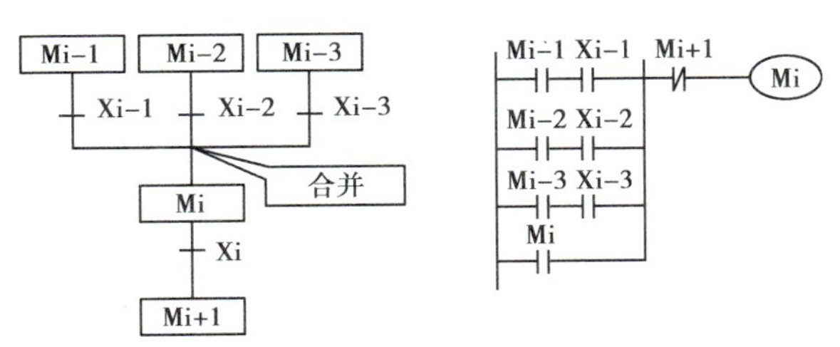

图 9-6　合并处顺序功能图与梯形图的转化

在顺序功能图中，步 Mi 有一个选择程序合并，Mi 的前级步分别为 Mi − 1、Mi − 2、Mi − 3，当这 3 步有 1 步为活动步，且转换条件 Xi − 1、Xi − 2、Xi − 3 为 1，Mi 变为活动步，故将 Mi − 1、Mi − 2、Mi − 3 的常开触点与转换条件 Xi − 1、Xi − 2、Xi − 3 常开触点串联，作为该步的启动条件。

当某顺序功能图中含有仅由两步构成的小闭环时，处理方法如下：

①问题分析：仅由两步构成的小闭环如图 9-7 所示，当 M4 为活动步且转换条件 X10 接通时，线圈 M3 本来应该接通，但此时与线圈 M3 串联的 M4 常闭触点为断开状态，故线圈 M3 无法接通。出现这样问题的原因在于 M4 既是 M3 的前级步，又是 M3 的后续步。

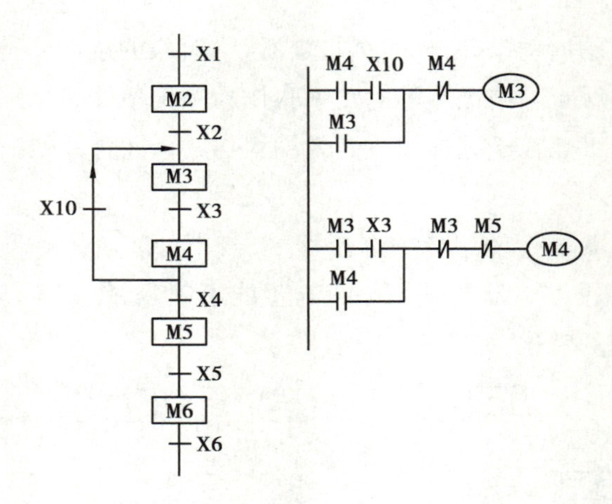

图 9-7 仅由两步组成的小闭环

②处理方法:在小闭环中增设步 M10,如图 9-8 所示,步 M10 在这里只起到过波作用,延时时间很短(一般说来应取延时时间在 0.1 s 以下),对系统的运行无任何影响。

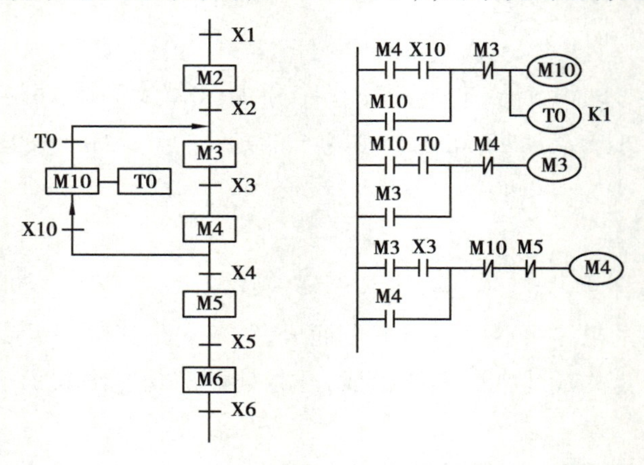

图 9-8 处理方法

二、搅拌机控制要求

设有两种液体 A 和 B,在容器内按照一定比例进行混合搅拌,然后放出容器,控制要求如下。

1. 初始状态

此时各阀门关闭,容器是空的。(YV1 = YV2 = YV3 = OFF; SL1 = SL2 = SL3 = OFF;M = OFF)

2. 启动操作

按下启动按钮 SB1,多种液体混合装置开始按下列给定规律操作。

①YV1 = ON,液体 A 流入容器,液面上升。

②当液面达到 M 处时,SL2 = ON,使 YV1 = OFF,YV2 = ON,即关闭液体 A 阀门,打开液体 B 阀门,停止液体 A 流入,液体 B 开始流入,液面继续上升。

③液体 B 流入 10 s 后 M = ON,搅匀电动机开始工作,开始正转搅拌(KM1 = ON)。(液

体流入 10 s 时未到达高液面处）

④当液面达到 H 处时，SL1 = ON，使 YV2 = OFF，搅拌机继续工作，即关闭液体 B 阀门，液体 B 停止流入，搅拌机继续正转搅拌（KM1 = ON）。

⑤搅拌电动机继续工作 1 min 后，停止正转搅拌（KM1 = OFF），搅拌机开始反转搅拌（KM2 = ON）。

⑥搅拌机反转搅拌 30 s 后，停止反转搅拌（KM2 = OFF），放液阀门打开（YV3 = ON），开始放液，液面开始下降。

⑦当液面下降到 L 处时，SL3 = ON，再过 8 s，容器放空，放液阀门关闭（YV3 = OFF），开始下一个循环周期。

3. 停止操作

在工作过程中，按下停止按钮 SB2，装置并不立即停止工作，而要将当前容器内的混合工作处理完毕后（当前周期循环到底），才能停止操作。（即停在初始位置上，否则会造成浪费）

▶任务实施

一、分配搅拌机的 I/O 地址

根据搅拌机的控制要求，可以确定搅拌机电路的输入设备有 5 个，输出设备有 5 个。PLC 的 I/O 地址分配见表 9-2。

表 9-2　PLC 控制电路的 I/O 地址分配

输入端（I）				输出端（O）			
序号	输入设备	功能	端口编号	序号	输出设备	功能	端口编号
1	SB1	启动按钮	X0	1	KM1	搅拌电动机正转	Y0
2	SB2	停止按钮	X1	2	KM2	搅拌电动机反转	Y1
3	SL3	低液面传感器	X2	3	YV1	控制液体 A 流入电磁阀	Y4
4	SL2	中液面传感器	X3	4	YV2	控制液体 B 流入电磁阀	Y5
5	SL1	高液面传感器	X4	5	YV3	控制混合液体流出电磁阀	Y6

二、设计搅拌机硬件 I/O 接线图

PLC 搅拌机控制电路的 I/O 接线图如图 9-9 所示。

三、设计搅拌机 PLC 控制顺序功能图

根据任务描述中的控制要求，多种液体混合装置 PLC 控制的顺序功能图如图 9-10 所示。

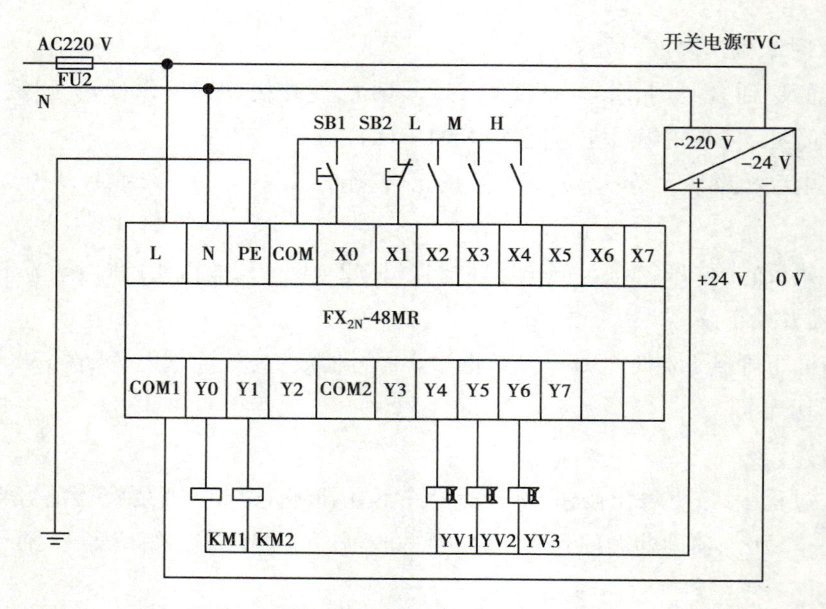

图 9-9 PLC 搅拌机控制电路的 I/O 接线图

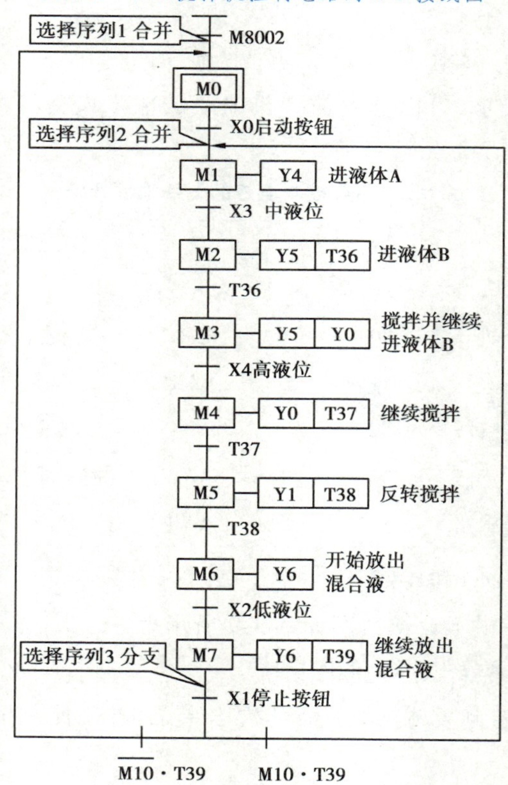

图 9-10 多种液体混合装置 PLC 控制的顺序功能图

四、编写梯形图程序

1. 新建工程

使用 GX Developer 软件创建新工程，工程名称为“搅拌机 PLC 控制”，保存在 E 盘文件夹中。

2. 设计梯形图

由 I/O 分配表和顺序功能图,根据任务要求确定编程思路。根据编程思路,设计搅拌机控制梯形图程序,如图 9-11 所示。

图 9-11 中的 M10[0]用来实现在按下停止按钮后不会马上停止工作,而是在当前工作周期的操作结束后,才停止工作。M10[0]用启动按钮(X0)和停止按钮(X1)来控制。运行时它处于 ON 状态,系统完成一个周期的工作后,步 M7 到步 M1 的转换条件 M10 · T39 满足,转换到步 M1 后继续运行。按下停止按钮(X1)后,M10[0]变为 OFF。要等系统完成最后一步 M7 的工作后,转换条件“非 M10 · T39”满足,才能返回初始步,系统停止工作。

图 9-11 中步 M7 之后有一个选择序列的分支,当它的后续步 M0 或 M1 变为活动步时,它都应变为不活动步,所以应将 M0 和 M1 的动断触点与 M7 的线圈串联。

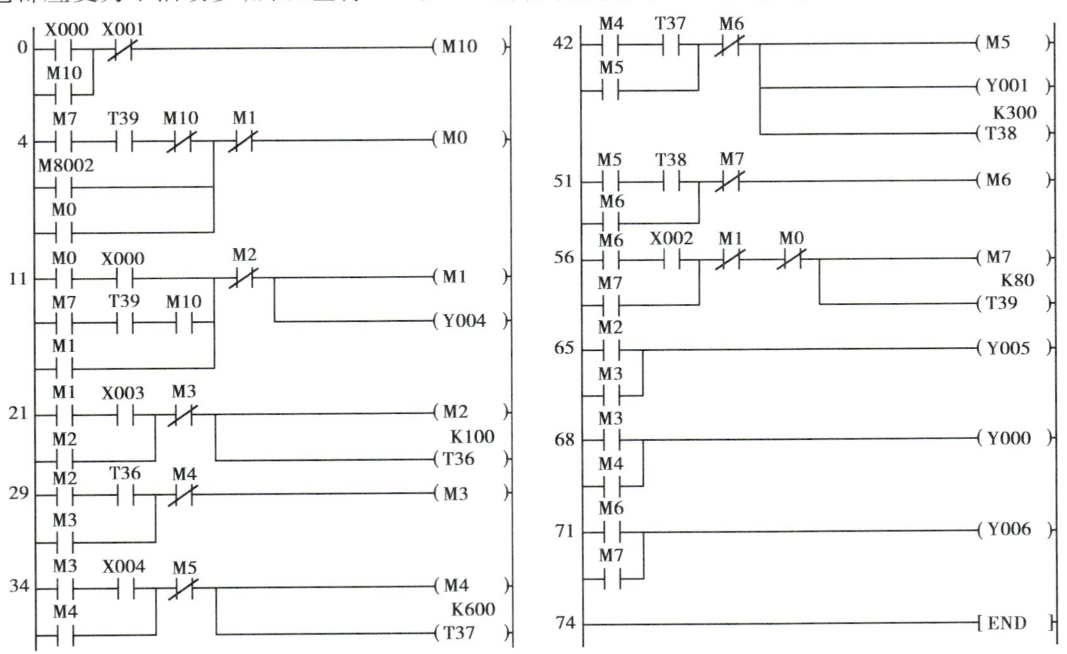

图 9-11 搅拌机控制两种液体混合的梯形图

步 M1 之前有一个选择序列的合并,如图 9-11 所示。当步 M0 为活动步且转换条件 X0 满足时,或者当步 M7 为活动步且转换条件 M10 · T39 满足时,步 M1 都应变为活动步,即控制 M1 的启—保—停电路的启动条件应为 M0 · XO 和 M7 · M10 · T39,对应的启动电路由两条并联支路组成,每条支路分别由 M0、X0 和 M7、M10、T39 的动合触点串联组成。

3. 录入梯形图程序

打开 GX Developer 软件的“搅拌机 PLC 控制”工程,录入搅拌机控制梯形图程序并保存。

4. 转换指令语句表

利用 GX Developer 软件,将搅拌机控制梯形图转换为对应的指令语句表,并填写表 9-3。

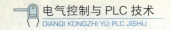

表 9-3　搅拌机控制指令语句表

序号	操作码	操作数	序号	操作码	操作数	序号	操作码	操作数

5. 检查梯形图程序

选择“工具”→“程序检查”命令，在弹出的“程序检查”对话框中单击“执行”按钮，对程序进行检查。程序检查完毕，如无误，在“程序检查”对话框的空白处就会显示“MAIN　没有错误”的信息。

▶任务练习

(1)简述启—保—停电路的特点。

(2)简述搅拌机的主要输入设备和输出设备。

(3)简述完成本任务的 PLC 编程思路。

▶任务评价

根据任务完成情况，如实填写表 9-4。

表 9-4　任务评价表

<table>
<tr><th>序号</th><th>评价要点</th><th>配分/分</th><th>得分/分</th><th colspan="2">总评</th></tr>
<tr><td>1</td><td>能分配搅拌机的 I/O 地址</td><td>10</td><td></td><td colspan="2" rowspan="7">A（80 分及以上）□
B（70～79 分）□
C（60～69 分）□
D（59 分及以下）□</td></tr>
<tr><td>2</td><td>能画出搅拌机控制的顺序控制功能图</td><td>20</td><td></td></tr>
<tr><td>3</td><td>能编写搅拌机控制的 PLC 程序</td><td>30</td><td></td></tr>
<tr><td>4</td><td>能将搅拌机控制的 PLC 程序转换为指令表语言</td><td>20</td><td></td></tr>
<tr><td>5</td><td>小组学习氛围浓厚，沟通协作好</td><td>10</td><td></td></tr>
<tr><td>6</td><td>具有文明规范操作的职业习惯</td><td>10</td><td></td></tr>
<tr><td colspan="2">合计</td><td>100</td><td></td></tr>
<tr><td rowspan="2">总结</td><td>完成本任务的收获</td><td colspan="2">任务完成过程中遇到的问题</td><td colspan="2">完成本任务的改进计划</td></tr>
<tr><td></td><td colspan="2"></td><td colspan="2"></td></tr>
</table>

任务三　安装并调试搅拌机控制电路

▶任务描述

本任务将根据任务二的两种液体控制要求，完成主电路的安装接线和 PLC 控制电路的安装接线，输入并下载 PLC 控制程序，调试 PLC 控制程序以实现搅拌机的 PLC 自动控制。

▶任务准备

准备名称	准备内容	完成情况	负责人
实训工具	万用表 1 块、梅花螺丝刀 1 把、剥线钳 1 把		
实训器材	计算机、三菱 FX_{2N}-48MR 型 PLC、GX Developer 软件、搅拌机实验模型 1 个、按钮、导线若干		
学习资讯	教材、任务书		

▶知识准备

一、搅拌机工作过程

搅拌机的工作过程包含了以下步骤：

①启动初始步 M0：初始上电启动初始步 M0 或者 M7 步后满足转移条件时，转到 M0 步，循环动作。

②启动第一步 M1：初始步 M0 为活动步时，按下启动按钮 SB1，液体 A 放入容器，进液体 A 指示灯点亮。

③启动第二步 M2：当 M1 步为活动步，液体 A 不断放入，当液面上升到中液位 M 处时，中液位传感器 SL2 闭合，液体 B 开始放入，T36 计时器计时。

④启动第三步 M3：当 M2 步为活动步，（液体 B 放入 10 s）T36 计时时间到，搅拌机搅拌并继续进液体 B。

⑤启动第四步 M4：当 M3 步为活动步，液体 B 不断放入，当液面上升到高液位 H 处时，高液位传感器 SL1 闭合，液体 B 停止放入，搅拌电机继续正转搅拌，T37 计时器计时。

⑥启动第五步 M5：当 M4 步为活动步，T37 计时时间到（搅拌电机继续正转搅拌 60 s），搅拌电机停止正转搅拌，T38 开始计时。

⑦启动第六步 M6：当 M5 步为活动步，T38 计时时间到（搅拌电机反转搅拌 30 s），搅拌电机停止反转搅拌，电磁阀 YV3 打开，混合液放出。

⑧启动第七步 M7：当 M6 步为活动步，混合液不断放出，当液面下降到低液位 L 处时，低液位传感器 SL3 闭合，电磁阀 YV3 继续打开，混合液继续放出，T39 开始计时，直至 T39 计时时间到。即液面下降到 L 处时，再继续排放 8 s，使容器放空。

⑨启动循环运行或停止工作：如果未按下停止按钮 SB2，再次启动 M1 步并自锁，以此循环运行；如果按下停止按钮 SB2，M10[0]失电断开，返回初始步，系统停止工作，直到再次按下启动按钮 SB1。

二、搅拌机控制要求

搅拌机控制要求同本项目任务二。

根据搅拌机的结构及工作原理，结合任务二中的 I/O 分配情况表，多种液体混合装置的输入、输出如图 9-12 所示。

其中 SL1、SL2、SL3 分别为高、中、低液面传感器，液面到达时接通，为 PLC 输入信号；低液面传感器 SL3 为 X2，中液面传感器 SL2 为 X3，高液面传感器 SL1 为 X4。电磁阀 YV1、YV2、YV3 控制液体 A、B 的流入容器和两种液体混匀后的放出容器，为 PLC 输出信号；电磁阀控制液体 A 的流入的 YV1 为 Y4，电磁阀控制液体 B 的流入的 YV2 为 Y5，电磁阀控制混匀液体放出的 YV3 为 Y6。M 为搅拌用电动机，用于驱动桨叶将液体搅匀。其中控制搅拌电动机正转的 PLC 输出信号为 Y0，控制搅拌电动机反转的 PLC 输出信号为 Y1。

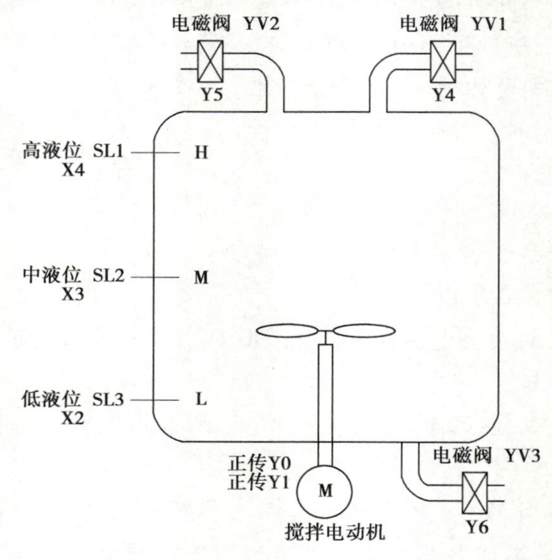

图 9-12　多种液体混合装置的输入、输出信号配置

▶任务实施

一、安装模拟搅拌机电路

参照图 9-13 所示的模拟搅拌机硬件换线图，依次安装 PLC 的电源线、输入信号线、输出信号线。

1. 安装 PLC 电源线

连接 PLC 控制系统的电源线路，给 PLC 控制系统上电。

2. 安装 PLC 输入信号线

本任务有 5 个输入信号。将按钮 SB1 的一端接在 PLC 的输入端 X0 上，将按钮 SB2 的一端接在 PLC 的输入端 X1 上，将低液面 L(SL3)的一端接在 PLC 的输入端 X2 上，将中低液面 M(SL2)的一端接在 PLC 的输入端 X3 上，将高液面 H(SL1)的一端接在 PLC 的输入端 X4 上，按钮 SB1、SB2 及 L、M、H 的另一端都接在 PLC 输入的公共端 COM 上。

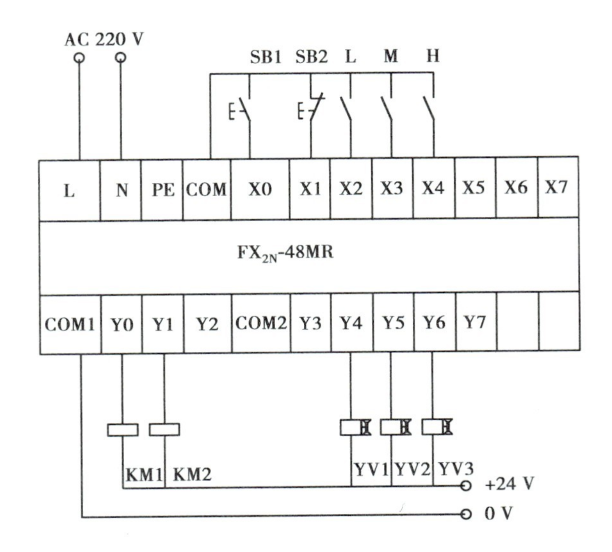

图9-13 PLC模拟搅拌机硬件接线图

3. 安装PLC输出信号线

本任务有5个输出信号。将输出信号Y0连接KM1的一端,将Y1连接KM2的一端,将Y4连接YV1的一端,将Y5连接YV2的一端,将Y6连接YV3的一端,将Y0—Y6的另一端与开关电源引出的+24 V连接在一起,COM1与开关电源引出的0 V连接。

二、下载程序

1. 连接PLC通信接口线

将PLC通信接口线的一端与计算机连接,另一端与PLC的下载口连接。

2. 下载程序

在计算机上打开GX Developer软件,调出编写好的“搅拌机自动控制”梯形图程序,在确认该梯形图程序无误后,将编译好的程序下载写入PLC内部。

三、运行并调试模拟搅拌机电路

①检查电路:核对外部接线,确定外部接线无误。

②空载调试:在不接通搅拌机模型直流电源的情况下,将PLC的“STOP/RUN”开关置于“RUN”位置,按下启动按钮SB1,观察PLC输出指示灯Y0、Y1、Y4、Y5、Y6的状态是否循环运行。在运行过程中,按下停止按钮SB2,观察PLC输出直至当前运行周期结束后才停止。

③系统调试:在接通搅拌机模型直流电源的情况下,按下启动按钮SB1,观察搅拌机模型的搅拌电机M输出指示灯,电磁阀YV1、YV2、YV3的状态指示灯是否按控制要求循环运行(运行过程中注意SL1、SL2、SL3的状态调节)。在运行过程中,按下停止按钮SB2,观察搅拌机模型输出直至当前运行周期结束后才停止。

④反复测试:在运行调试过程中,如果有不符合要求的情况,要检查接线及PLC程序,直至达到控制要求。

▶任务练习

(1)PLC主机模块中的COM代表________。

(2)搅拌机 PLC 控制在进行接线时,有哪些地方需要注意?

(3)设计一个模拟搅拌机控制电路,要求如下:

初始状态:此时各阀门关闭,容器是空的。YV1 = YV2 = YV3 = OFF　SL1 = SL2 = SL3 = OFF　M = OFF

启动操作:

a. 按下启动按钮,YV1 = ON,液体 A 流入容器,当液面到达 SL2 时,YV1 = OFF,YV2 = ON;

b. 液体 B 流入,液面达到 SL3 时,YV2 = OFF,M = ON,开始搅拌;

c. 混合液体搅拌均匀后(设时间为 10 s),M = OFF,YV3 = ON,放出混合液体;

d. 当液体下降到 SL1 时,再过 20 s 后容器放空,关闭 YV3,YV3 = OFF,完成一个操作周期;

e. 只要没按停止按钮,则自动进入下一操作周期。

停止操作:按下停止按钮,则在当前混合操作周期结束后才能停止操作,使系统停止于初始化状态。

①根据控制要求,填写 I/O 地址分配表。

输入地址		输出地址	
SB1	X000		

②完成该控制的梯形图程序。

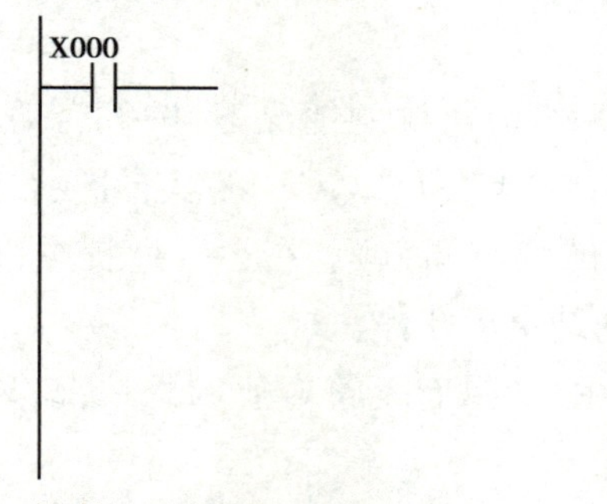

③打开 GX Developer 软件,进行联机调试。

▶任务评价

根据任务完成情况,如实填写表 9-5。

表 9-5　任务评价表

<table>
<tr><th>序号</th><th colspan="3">评价要点</th><th>配分/分</th><th>得分/分</th><th>总评</th></tr>
<tr><td>1</td><td colspan="3">能完成搅拌机输入信号的接线</td><td>10</td><td></td><td rowspan="7">A（80 分及以上）□
B（70～79 分）　□
C（60～69 分）　□
D（59 分及以下）□</td></tr>
<tr><td>2</td><td colspan="3">能完成搅拌机输出信号的接线</td><td>20</td><td></td></tr>
<tr><td>3</td><td colspan="3">能下载搅拌机的 PLC 程序</td><td>30</td><td></td></tr>
<tr><td>4</td><td colspan="3">能调试模拟搅拌机程序,实现控制要求的功能</td><td>20</td><td></td></tr>
<tr><td>5</td><td colspan="3">小组学习氛围浓厚,沟通协作好</td><td>10</td><td></td></tr>
<tr><td>6</td><td colspan="3">具有文明规范操作的职业习惯</td><td>10</td><td></td></tr>
<tr><td colspan="4">合计</td><td>100</td><td></td></tr>
<tr><td rowspan="2">总结</td><td>完成本任务的收获</td><td colspan="2">任务完成过程中遇到的问题</td><td colspan="3">完成本任务的改进计划</td></tr>
<tr><td></td><td colspan="2"></td><td colspan="3"></td></tr>
</table>

▶项目练习

(1)搅拌机的主要结构包括搅拌罐罐体、________、________、液面传感器、交流接触器等。

(2)查看图 9-4 所示的多种液体混合模拟装置示意图。其中 SL1、SL2、SL3 分别为________、________、________,液面淹没时接通;电磁阀 YV1 控制________;电磁阀 YV2 控制液体________;电磁阀 YV3 控制________________。M 为搅拌用________________,用于驱动桨叶将液体搅匀。

(3)按下列要求编写搅拌机的 PLC 控制程序。

设有两种液体 A 和 B,在容器内按照一定比例进行混合搅拌,然后放出容器。

控制要求:

初始状态:此时各阀门关闭,容器是空的。YV1 = YV2 = YV3 = OFF　SL1 = SL2 = SL3 = OFF　M = OFF

启动操作:按下启动按钮 SB1,YV1 = ON,液体 A 流入容器,液面上升。当液面达到 M 处时,SL2 = ON,使 YV1 = OFF,YV2 = ON,即关闭液体 A 阀门,打开液体 B 阀门,停止液体 A 流入,液体 B 开始流入,液面继续上升。当液面达到 H 处时,SL1 = ON,使 YV2 = OFF,搅拌机开始工作,即关闭液体 B 阀门,液体 B 停止流入,搅拌机运转搅拌(KM1 = ON)。搅匀电动机继续工作 30 s 后,停止搅拌。放液阀门打开(YV3 = ON),开始放液,液面开始下降。当液面下降到 L 处时,SL1 由 ON 变到 OFF,再过 10 s,容器放空,放液阀门关闭(YV3 = OFF),开始下一个循环周期。

停止操作:在工作过程中,按下停止按钮 SB2,装置并不立即停止工作,而要将当前容器内的混合工作处理完毕后(当前周期循环到底),才能停止操作。

项目十　PLC 实现四节传送带控制

▶项目目标

(1)了解 PLC 实现四节传送带的工作原理；

(2)理解 PLC 实现四节传送带的控制过程；

(3)掌握 PLC 实现四节传送带控制的基本指令；

(4)掌握 PLC 实现四节传送带控制电路的设计原则与步骤；

(5)掌握下载并调试 PLC 程序的方法。

技能目标

(1)能认识四节传送带的组成部件；

(2)能分配四节传送带 PLC 控制电路的 I/O 地址；

(3)能连接四节传送带的电路；

(4)能使用 PLC 基本编程指令，分模块完成程序的编写；

(5)能下载并调试 PLC 程序，实现四节传送带的基本控制功能。

思政目标

(1)激发学生的学习兴趣，训练学生良好的操作习惯，培养学生严谨的科学态度；

(2)培养学生好学向上、积极动手、团结协作、吃苦耐劳等良好品质；

(3)培养学生的 7S 职业素养。

▶项目描述

随着市场经济的蓬勃发展，四节传送带(见图 10-1)在工业生产中应用非常广泛，可用于流水线生产、物流运输、快递分拣等场合。本项目以四节传送带为控制对象，利用 PLC 来实现对四节传送带的正转、反转控制。

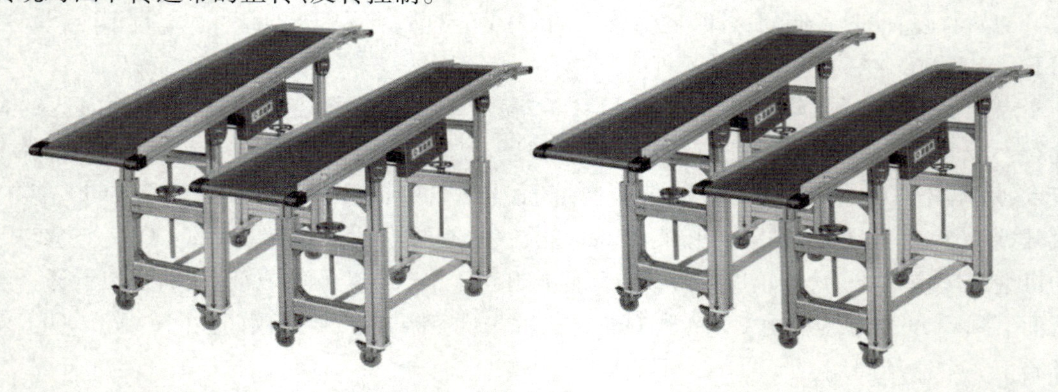

图 10-1　四节传送带

任务一　认识四节传送带控制电路

▶任务描述

根据工厂物料运输要求，工人需使用四节传送带进行连续运输，为了防止在运输过程中出现意外事故，所以需要在电路中加入保护装置，以便更好完成工厂物料运输的需求。本任务将学习四节传送带的结构、运行模式、控制过程、实验模型。

▶任务准备

准备名称	准备内容	完成情况	负责人
实训工具	万用表		
实训器材	四节传送带模型		
学习资讯	教材、任务书		

▶任务实施

一、认识四节传送带

四节传送带能够在 4 个方位以组装方式进行连续物料传输。其组装方式灵活，安装简单，便捷实用，在各种施工场合中能连续工作。四节传送带具有高效率、操作简单、使用方便、维修容易、降低工程造价、节省人力物力等优点，在农业、工矿企业和交通运输业中广泛应用。

四节传送带主电路由 4 个三相交流接触器、4 个三相热继电保护器、4 个三相电动机及各类导线组成，如图 10-2 所示。辅助电路由 PLC 控制，PLC 控制三相交流接触器 KM1、KM2、KM3、KM4 的交流电磁线圈，从而使电机能实现正转功能。

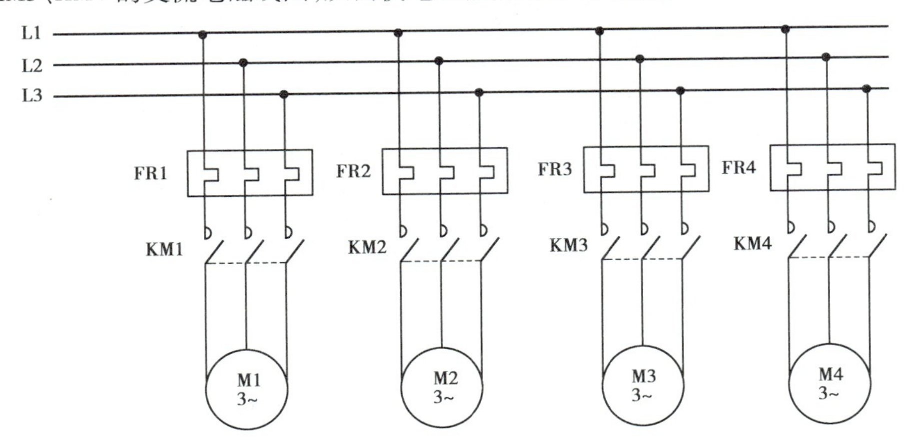

图 10-2　四节传送带主电路

四节传送带主电路的工作原理：当需要传送带电机 M1 正转工作时，首先 PLC 控制三相交流接触器 KM1 主触点闭合，三相电动机 M1 得电正向运转；PLC 程序中设置定时时间，定时完成后 PLC 控制三相交流接触器 KM2 主触点根据延时时间闭合，三相电动机 M2 得电正向运转；PLC再次设置定时时间，定时完成后三相交流接触器KM3主触点根据延时时间进行闭合，三相电动机M3得电正向运转，当M3正常运转之后，PLC程序控制三相交流接触器KM4主触点闭合，三相电动机M4得电运转；4个电机全部正常运行；当需要停机时，M4最先停机，M1最后停机，如遇特殊故障，PLC按照既定程序进行停机。

二、了解四节传送带控制要求

四节传送带的控制分为传送带的启动、传送带的停止、皮带故障三部分。

• 传送带启动：当按下启动按钮SB1后，接触器KM4线圈接通并自锁，使驱动用电动机M4启动，传送带移动，其电动机的启动顺序为M4、M3、M2、M1，这样可防止货物在皮带上堆积。

• 传送带停止：当按下停止按钮SB2后，电动机M1先停止，停止顺序为M1、M2、M3、M4，其目的是保证停机后皮带上不残存货物。

• 皮带机出现故障：皮带机及该皮带机前面的皮带机立即停止运转。当M1故障时，M1立即停止；当M2故障时，M1、M2立即停止，其中设置了一个时间继电器，使M3经过5 s后停止工作，另外设置一个时间继电器，使M4再过5 s停止；当M3故障时，M1、M2、M3立即停止，设置一个时间继电器，使M4在过5 s后停止；当M4故障时，M3、M2、M1立即停止。

三、认识四节传送带实验模型

四节传送带实验模型如图10-3所示，其中包含了4个传送带，为了直观展示传送带的传送过程，用LED灯来展示皮带的传输过程，在真实的四节传送带系统中包含了交流电机、三相交流接触器、热继电保护器、限位器、传送皮带、按钮、指示灯等设备。

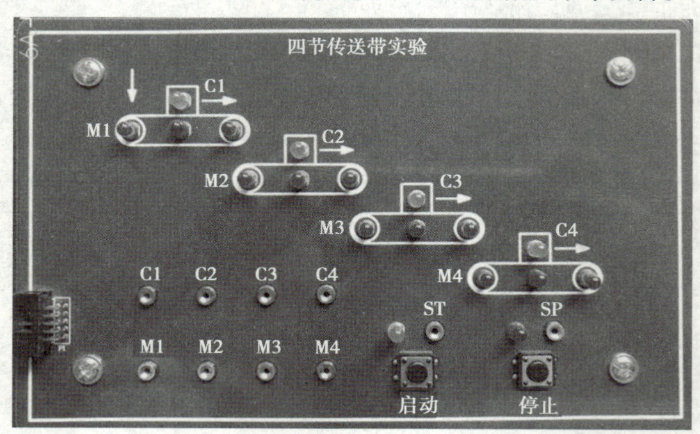

图10-3 四节传送带实验模型

▶任务练习

(1)简述四节传送带的运动方向。

(2)简述四节传送带的组成。

(3)简述四节传送带的控制要求。

▶任务评价

根据任务完成情况，如实填写表 10-1。

表 10-1　任务评价表

序号	评价要点	配分/分	得分/分	总评
1	能简述四节传送带的组成	10		A（80 分及以上）□ B（70～79 分）□ C（60～69 分）□ D（59 分及以下）□
2	能简述四节传送带各部分的作用	30		
3	能简述四节传送带的工作原理	30		
4	能简述四节传送带的控制要求	10		
5	小组学习氛围浓厚，沟通协作好	10		
6	具有文明规范操作的职业习惯	10		
合计		100		
总结	完成本任务的收获	任务完成过程中遇到的问题	完成本任务的改进计划	

任务二　编写四节传送带控制的 PLC 程序

▶任务描述

本任务要设计的四节传送带程序比较复杂，包含了延时控制程序设计、顺序启动功能程序设计等。面对复杂的设计，需要配置好 I/O 端口，画出程序流程图，分模块编写程序。本任务将学习四节传送带的基本程序，综合运用前面所学知识来编写 PLC 程序。

▶任务准备

准备名称	准备内容	完成情况	负责人
实训器材	计算机、三菱 FX_{2N}-48MR 型 PLC、GX Developer 软件、四节传送带模型		
学习资讯	教材、任务书		

▶任务实施

一、分配四节传送带的 I/O 地址

根据四节传送带的电路控制要求，可以确定四节传送带的输入设备有 6 个，输出设备有 4 个，PLC 的 I/O 地址分配见表 10-2。

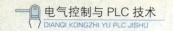

表 10-2　PLC 四节传送带的 I/O 地址分配

输入端(I)				输出端(O)			
序号	输入设备	功能	端口编号	序号	输出设备	功能	端口编号
1	SB1 按钮	启动按钮	X0	1	交流电机 M1	驱动 1 号皮带	Y0
2	SB2 按钮	停止按钮	X5	2	交流电机 M2	驱动 2 号皮带	Y1
3	C1	1 号皮带故障点	X1	3	交流电机 M3	驱动 3 号皮带	Y2
4	C2	2 号皮带故障点	X2	4	交流电机 M4	驱动 4 号皮带	Y3
5	C3	3 号皮带故障点	X3				
6	C4	4 号皮带故障点	X4				

二、设计四节传送带控制流程图

四节传送带电路 PLC 控制的工作流程图如图 10-4 所示。

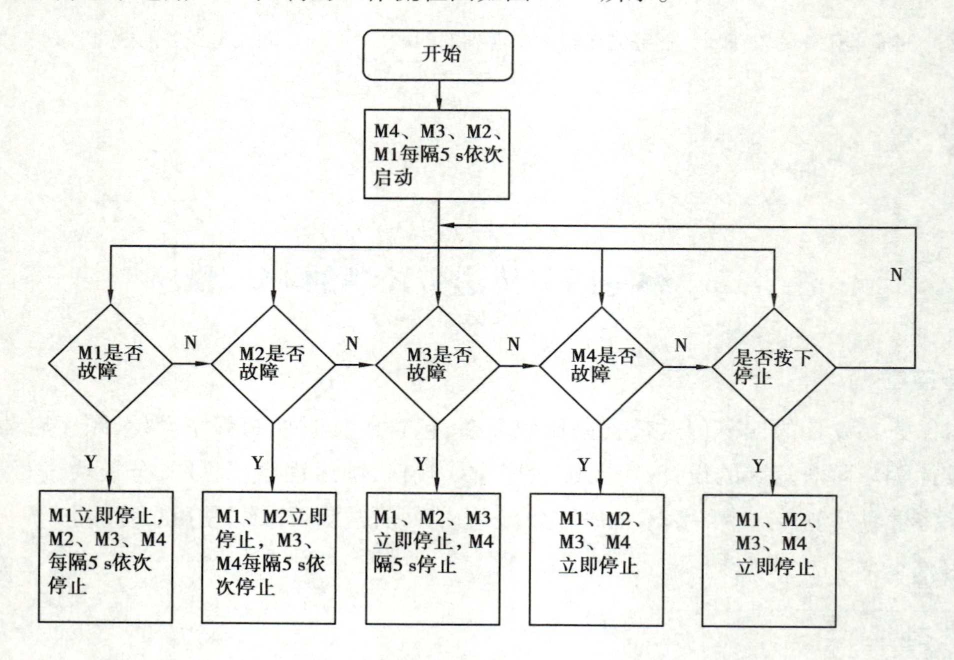

图 10-4　四节传送带工作流程图

三、梯形图程序

1. 新建工程

使用 GX Developer 软件创建新工程，工程名称为“四节传送带”，保存在 E 盘文件夹中。

2. 设计梯形图

根据程序流程图，分模块编写四节传送带控制程序、延时程序、故障程序等。根据编程思路，设计四节传送带控制梯形图程序，如图 10-5 所示。

```
64  M5  X001                [SET M10]
        X002                [SET M11]
        X003                [SET M12]
        X004                [SET M13]
77  M10                     [RST Y001]
                            K50 (T10)
        T10                 [RST M10]
                            [SET M11]
35  M11                     [RST Y001]
                            [RST Y002]
                            K50 (T11)
        T11                 [RST M12]
                            [RST M11]
34  M12                     [RST Y001]
                            [RST Y002]
                            [RST Y003]
                            K50 (T12)
        T12                 [SET M13]
                            [RST M12]
4   M13                     [RST Y001]
                            [RST Y002]
                            [RST Y003]
                            [RST Y004]
                            [RST M13]
0   X005                    [SET M13]
2                           [END]
```

```
0   M8002                   [SET M0]
2   M0  X000 X005 X001 X002 X003 X004   [SET M1]
10  M1                      [SET Y004]
        X004                [SET M13]
                            [RST M1]
                            K50 (T0)
        T0                  [RST M1]
                            [SET M2]
23  M2                      [SET Y003]
        X003                [SET M12]
        X004                [RST M2]
                            K50 (T1)
        T1                  [SET M3]
                            [RST M2]
38  M3                      [SET Y002]
        X002                [SET M11]
        X003                [RST M3]
                            K50 (T2)
        T2                  [SET M4]
                            [RST M3]
63  M4                      [SET Y001]
        X001                [SET M10]
        X002                [RST M4]
                            [RST M4]
                            [SET M5]
```

图 10-5　四节传送带梯形图

3. 录入梯形图程序

打开 GX Developer 软件的“四节传送带”工程，录入四节传送带梯形图程序并保存。

4. 转换指令语句表

利用 GX Developer 软件，将四节传送带梯形图转为对应的指令语句表，并填写表 10-3。

表 10-3　四节传送带指令语句表

序号	操作码	操作数	序号	操作码	操作数	序号	操作码	操作数

5. 检查梯形图程序

选择“工具”→“程序检查”命令，在弹出的“程序检查”对话框中单击“执行”按钮，对程序进行检查。程序检查完毕，如无误，在“程序检查”对话框的空白处就会显示“MAIN　没有错误”的信息。

▶任务练习

(1)改变四节传送带发生的故障时间，编写可行的控制程序。

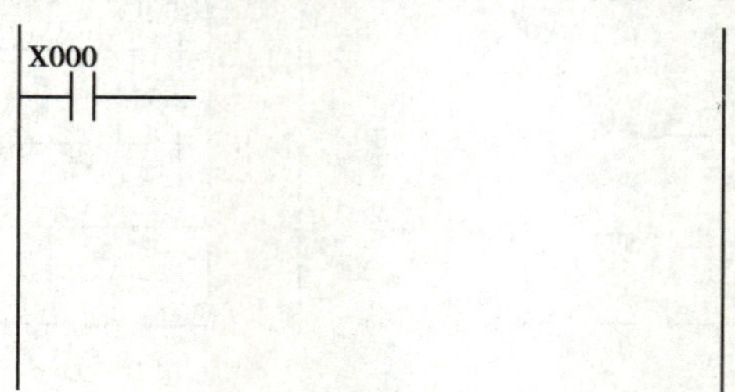

(2)增加四节传送带故障点,编写可行的控制程序。

▶任务评价

根据任务完成情况,如实填写表 10-4。

表 10-4　任务评价表

<table>
<tr><td>序号</td><td colspan="3">评价要点</td><td>配分/分</td><td>得分/分</td><td>总评</td></tr>
<tr><td>1</td><td colspan="3">能分配四节传送带的 I/O 地址</td><td>10</td><td></td><td rowspan="9">A (80 分及以上) □
B (70～79 分) □
C (60～69 分) □
D (59 分及以下) □</td></tr>
<tr><td>2</td><td colspan="3">能画出四节传送带程序的流程控制图</td><td>10</td><td></td></tr>
<tr><td>3</td><td colspan="3">能编写四节传送带延时指示程序</td><td>15</td><td></td></tr>
<tr><td>4</td><td colspan="3">能编写四节传送带故障控制程序</td><td>15</td><td></td></tr>
<tr><td>5</td><td colspan="3">能编写四节传送带正反转控制程序</td><td>15</td><td></td></tr>
<tr><td>6</td><td colspan="3">能编写四节传送带综合运行控制程序</td><td>15</td><td></td></tr>
<tr><td>7</td><td colspan="3">小组学习氛围浓厚,沟通协作好</td><td>10</td><td></td></tr>
<tr><td>8</td><td colspan="3">具有文明规范操作的职业习惯</td><td>10</td><td></td></tr>
<tr><td colspan="4">合计</td><td>100</td><td></td></tr>
<tr><td rowspan="2">总结</td><td>完成本任务的收获</td><td>任务完成过程中遇到的问题</td><td colspan="4">完成本任务的改进计划</td></tr>
<tr><td></td><td></td><td colspan="4"></td></tr>
</table>

任务三　安装并调试四节传送带控制电路

▶任务描述

本项目任务二已经编写好四节传送带程序,本任务将在此基础上,安装四节传送带电路,下载四节传送带的 PLC 程序,运行调试电路,实现四节传送带的控制要求。

▶任务准备

准备名称	准备内容	完成情况	负责人
实训器材	计算机、GX Developer 软件、三菱 FX_{2N}-48MR 型 PLC、四节传送带模型、导线若干、扎带、压线端子		
学习资讯	教材、任务书		

▶任务实施

一、安装四节传送带控制电路

参照图 10-6 所示的 PLC 四节传送带硬件控制接线图，依次安装 PLC 的电源线、输入信号线、输出信号线。

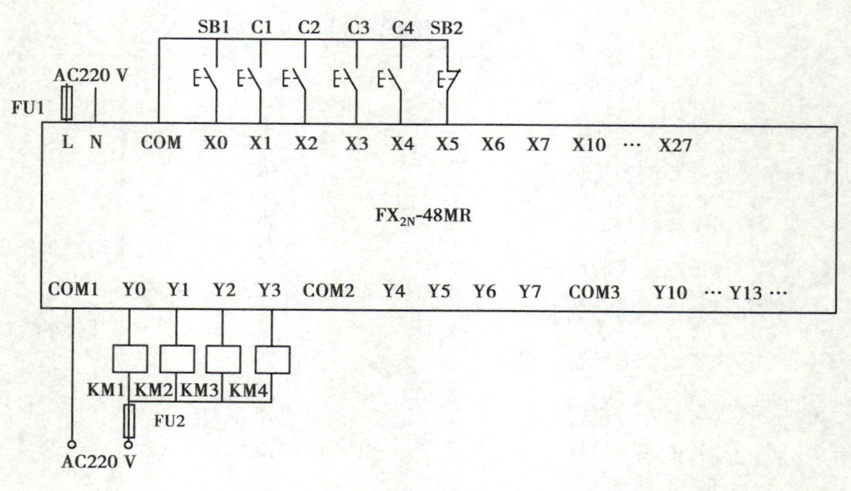

图 10-6 PLC 四节传送带硬件控制接线图

1. 安装 PLC 电源线

三菱 FX_{2N} 系列 PLC 采用 220 V 交流电源供电，从实训台上将电源供电接到 PLC 主机的 L、N 接线端。

PLC 直流电源接线，主机模块直流 +24 V 与四节传送带实验模块的 24 V 连接。

2. 安装 PLC 输入信号线

本任务有 7 个输入信号，将按钮 SB1、SB2、C1、C2、C3、C4 的一端分别连接在 PLC 的输入端 X1、X7、X2、X3、X4、X5、X6，将 SB1、SB2、C1、C2、C3、C4 的另一端都接在 PLC 输入的公共端 COM 上。

3. 安装 PLC 输出信号线

本任务有 4 个输出信号，COM1 连接单相电火线，Y0 输出端接交流接触器 KM1 线圈火线端，KM1 控制电机 M1；Y1 输出端接交流接触器 KM2 线圈火线端，KM2 控制电机 M2；Y2 输出端接交流接触器 KM3 火线端，KM3 控制电机 M3；Y3 输出端接交流接触器 KM4 火线端，KM4 控制电机 M4，KM1—KM4 交流接触器另外一个线圈全部连接单相电零线。

二、下载程序

1. 连接 PLC 通信接口线

将 PLC 通信接口线的一端与计算机连接，另一端与 PLC 的下载口连接。

2. 下载程序

在计算机上打开 GX Developer 软件，然后调出编写好的“四节传送带”梯形图程序，在编译该梯形图程序无误后，最后将编译好的程序下载写入 PLC 内部。

三、运行并调试四节传送带

①检查电路：核对外部接线，确定外部接线无误。

②空载调试：在不接通主电路电源的情况下，将 PLC 的“STOP/RUN”开关置于“RUN”位置，按下按钮 SB1，观察 PLC 输出指示灯 Y0、Y1、Y2、Y3 的状态。

③系统调试：接通主电路电源，合上断路器 QF，分别观察接触器 KM、电动机动作是否符合控制要求。按下启动按钮 SB1，M1 电动机运转，其他电机按照间隔时间依次运行，最后整个四节传送带连续运行；按下停止按钮 SB2，所有电动机停转，任务完成。

▶任务练习

（1）PLC 主机模块开关 STOP/RUN 代表________。

（2）四节传送带在进行接线时，有哪些地方需要注意？

（3）根据本项目的设计要求，仿造设计一个三节传送带。

▶任务评价

根据任务完成情况，如实填写表 10-5。

表 10-5　任务评价表

<table>
<tr><th>序号</th><th colspan="2">评价要点</th><th>配分/分</th><th>得分/分</th><th>总评</th></tr>
<tr><td>1</td><td colspan="2">能完成四节传送带输入信号的接线</td><td>10</td><td></td><td rowspan="7">A（80 分及以上）□
B（70～79 分）□
C（60～69 分）□
D（59 分及以下）□</td></tr>
<tr><td>2</td><td colspan="2">能完成四节传送带输出信号的接线</td><td>30</td><td></td></tr>
<tr><td>3</td><td colspan="2">能下载四节传送带的 PLC 控制程序</td><td>30</td><td></td></tr>
<tr><td>4</td><td colspan="2">能调试四节传送带，实现控制功能</td><td>10</td><td></td></tr>
<tr><td>5</td><td colspan="2">小组学习氛围浓厚，沟通协作好</td><td>10</td><td></td></tr>
<tr><td>6</td><td colspan="2">具有文明规范操作的职业习惯</td><td>10</td><td></td></tr>
<tr><td colspan="3">合计</td><td>100</td><td></td></tr>
<tr><td rowspan="2">总结</td><td>完成本任务的收获</td><td>任务完成过程中遇到的问题</td><td colspan="3">完成本任务的改进计划</td></tr>
<tr><td></td><td></td><td colspan="3"></td></tr>
</table>

▶知识拓展

自动扶梯

自动扶梯是由两台特殊结构形式的胶带输送机所组合而成，是运载人员上下的一种连续输送机械，如图 10-7 所示。自动扶梯主要部件有梯级、牵引链条及链轮、导轨系统、主传动系统（包括电动机、减速装置、制动器及中间传动环节等）、驱动主轴、梯路张紧装置、扶手系统、梳板、扶梯骨架和电气系统等。梯级在乘客入口处作水平运动（方便乘客登梯），以后逐渐形成阶梯；在接近出口处阶梯逐渐消失，梯级再度作水平运动。这些运动都是由梯级主轮、辅轮分别沿不同的梯级导轨行走来实现。

图 10-7　自动扶梯

▶项目练习

（1）改变控制要求，在软件编程中实现电动机过载保护。

（2）改变控制要求，在电路中加入工作指示灯、停止指示灯、过载指示灯，并对应进行编程。

项目十一 PLC 实现自动运料小车控制

▶项目目标

知识目标

(1)了解自动运料小车控制电路的特点;

(2)理解自动运料小车控制电路的控制过程;

(3)掌握自动运料小车控制的 PLC 基本指令;

(4)掌握 PLC 自动运料小车控制的设计原则与步骤;

(5)掌握下载并调试 PLC 自动运料小车程序的方法。

技能目标

(1)能正确写出自动运料小车的 I/O 地址分配表;

(2)能完成自动运料小车控制电路的安装连线;

(3)能使用 PLC 基本编程指令,分模块编写自动运料小车的程序;

(4)能下载并调试 PLC 程序,实现控制自动运料小车的基本功能。

思政目标

(1)激发学生的学习兴趣,训练学生良好的操作习惯,培养学生严谨的科学态度;

(2)培养学生好学向上、积极动手、团结协作、吃苦耐劳等良好品质;

(3)培养学生的 7S 职业素养。

▶项目描述

随着自动化技术的不断发展,自动运料小车在工厂物料运输、物流运输、快递分拣运输等各种场合应用广泛,如图 11-1 所示。本项目以自动运料小车控制为载体,利用 PLC 编程控制自动运料小车运料,从而保证物料正常运输。

图 11-1 自动运料小车

任务一 认识自动运料小车

▶任务描述

基于 PLC 的运料小车控制系统设计简单,控制可靠,已经成为工业生产过程中比较常用的设备。本任务将学习自动运料小车的外形结构、控制电路要求及控制系统。

▶任务准备

准备名称	准备内容	完成情况	负责人
实训工具	万用表、尖嘴钳、螺丝刀、电笔等		
实训器材	三菱 PLC 、LED 指示灯、三相异步电动机、按钮、连接导线、行程开关等		
学习资讯	教材、任务书		

▶任务实施

认识自动运料小车

一、自动运料小车的结构

自动运料小车实现了运料过程的自动化控制。在具体控制过程中,通过移位指令、计时器和移位寄存器的复位指令使运料车能够连续运行,直到需要停止时按停止按钮停车。自动送料小车控制系统具有稳定性高、可靠性好、调试方便等优点,成为“无人值班,少人值守”的必选产品。

自动运料小车由滚轮、电气控制箱、载料平板等部件组成,自动运料小车模型如图 11-2 所示。

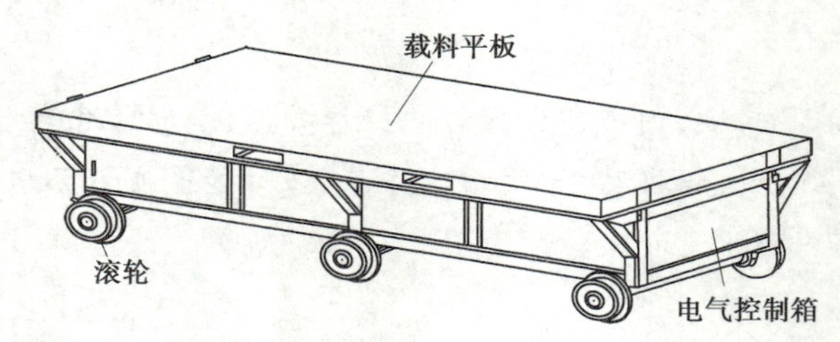

图 11-2　自动运料小车模型

二、自动运料小车的控制要求

当自动运料小车空载时,按下左行按钮 SB1,小车启动并向左行去装料,如图 11-3 所示;当自动运料小车满载时,按下右行按钮 SB2,小车启动并向右行去卸料,如图 11-4 所示。左行按钮 SB1 能够让自动运料小车实现左行且只能保持一种运动状态。当小车运行触碰到 SQ1 时,小车停下来并开始装料,装料模拟时间为 10 s,然后小车开始右行,当右行触碰到 SQ2 时,延时 5 s 开始卸料,完成后回到起始点。

图 11-3　小车左行去装料

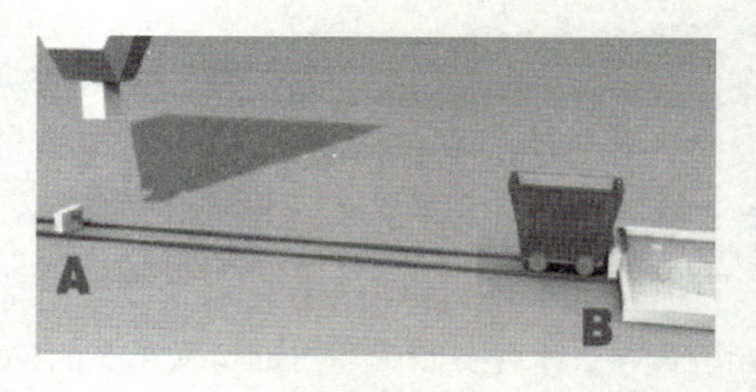

图 11-4　小车右行卸料

小车可以在 A、B 两点间运动，A、B 两处各有一个行程开关。

小车可以在 A、B 两点间运动，A、B 两处各有一个行程开关，小车到 A 点停 10 s 装料；然后驶向 B 点，到 B 点停 5 s 卸料，完成后再返回 A 点，如图 11-5 所示。

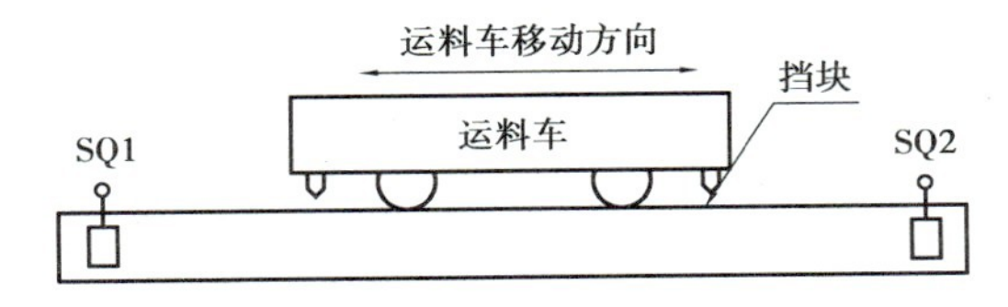

图 11-5　自动运料小车工作示意图

三、自动运料小车控制的工作流程

①自动运料小车实现左行运动：按下左行按钮 SB1→KM1 线圈得电→电机正向运转。

②自动运料小车实现右行运动：按下右行按钮 SB2→KM2 线圈得电→电机反向运转。

③自动运料小车实现停止运行：按下停止按钮 SB3→KM 线圈失电 → 电机停止转动。

④自动小车装料及卸料：触碰到 SQ1 时→装料模拟时间为 10 s，然后小车开始右行。

触碰到 SQ2 时→卸料模拟时间为 5 s，然后小车开始左行。

四、自动运料小车的控制系统

目前市面上主流的自动运料小车的系统是 PLC 控制和变频器一体式控制系统，PLC 对自动运料小车的控制与继电器、单片机控制系统相比有明显的优点，如适应性强、控制速度快、安装调试简便、抗干扰能力强、使用寿命长、可靠性高、维护保养方便等。把 PLC 和变频器做成整体式控制系统减少中间的接线环节，采用设计参数来改变自动运料小车的逻辑控制，在使用中大大减少编程的难度和故障率，使维护和保养更方便。自动运料小车控制系统框图如图 11-6 所示，自动运料小车主电路如图 11-7 所示。

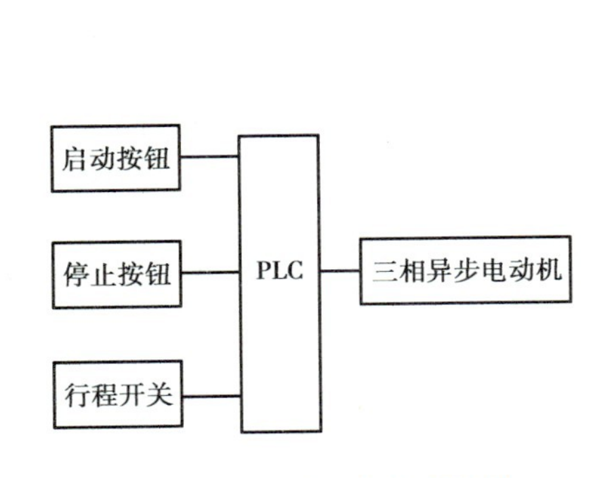

图 11-6　运动小车控制系统

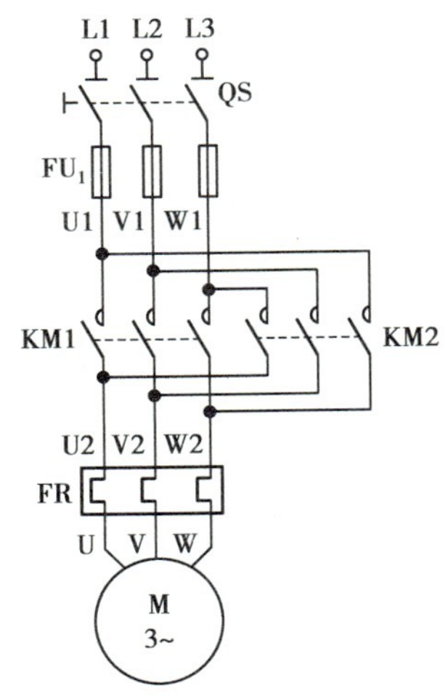

图 11-7　自动运料小车主电路

▶任务练习

（1）简述自动运料小车的基本组成。

（2）简述自动运料小车的基本控制要求。

(3)讨论自动运料小车中加入超重功能。

(4)讨论自动运料小车中加入防意外碰撞功能。

▶任务评价

根据任务完成情况,如实填写表 11-1。

表 11-1　任务评价表

<table>
<tr><th>序号</th><th>评价要点</th><th>配分/分</th><th>得分/分</th><th>总评</th></tr>
<tr><td>1</td><td>能简述自动运料小车的结构</td><td>10</td><td></td><td rowspan="7">A (80 分及以上) □
B (70 ~ 79 分) □
C (60 ~ 69 分) □
D (59 分及以下) □</td></tr>
<tr><td>2</td><td>能简述自动运料小车的功能</td><td>30</td><td></td></tr>
<tr><td>3</td><td>能简述自动运料小车的基本控制要求</td><td>30</td><td></td></tr>
<tr><td>4</td><td>能知道运料小车的控制方向</td><td>10</td><td></td></tr>
<tr><td>5</td><td>小组学习氛围浓厚,沟通协作好</td><td>10</td><td></td></tr>
<tr><td>6</td><td>具有文明规范操作的职业习惯</td><td>10</td><td></td></tr>
<tr><td colspan="2">合计</td><td>100</td><td></td></tr>
<tr><td rowspan="2">总结</td><td>完成本任务的收获</td><td>任务完成过程中遇到的问题</td><td colspan="2">完成本任务的改进计划</td></tr>
<tr><td></td><td></td><td colspan="2"></td></tr>
</table>

任务二　编写自动运料小车控制程序

▶任务描述

本任务要设计的自动运料小车的程序比较复杂,包含了正反转控制程序设计、定时程序设计、限位停车的控制等,在程序设计中需要配置好 I/O 端口,画出程序流程图,分模块编写程序,本任务将利用 PLC 的定时程序,利用定时器编写好自动运料小车梯形图程序。

▶任务准备

准备名称	准备内容	完成情况	负责人
实训器材	计算机、三菱 FX_{2N}-48MR 型 PLC、GX Developer 软件、自动运料小车模型		
学习资讯	教材、任务书		

▶任务实施

一、分配自动运料小车的 I/O 地址

输入信号:左行启动按钮 1 个,右行启动按钮 1 个,停止按钮 1 个,左、右行程开关各 1 个,输入信号共 5 个,要占用 5 个输入端子,所以 PLC 输入至少需 5 点。

输出信号:左行接触器 1 个,右行接触器 1 个, 装、卸电磁铁各 1 个, 占用 PLC4 个输出端子,自动运料小车的 I/O 地址分配如表 11-2 所示。

表 11-2　自动运料小车的 I/O 地址

	输入端(I)				输出端(O)		
序号	输入设备	功能	端口编号	序号	输出设备	功能	端口编号
1	SB1 按钮	左行启动按钮	X0	1	交流接触器 KM1	控制电机左行	Y0
2	SB2 按钮	右行启动按钮	X1	2	交流接触器 KM2	控制电机右行	Y1
3	SB3 按钮	停止按钮	X2	3	中间继电器 YA1	装料电磁铁	Y2
4	SQ1	左行程开关	X3	4	中间继电器 YA2	卸料电磁铁	Y3
5	SQ2	右行程开关	X4	5	装料定时器 KT1	定时	T1
6				6	卸料定时器 KT2	定时	T2

二、设计自动运料小车控制流程图

自动运料小车控制流程图如图 11-8 所示。

三、编写梯形图程序

1. 新建工程

使用 GX Developer 软件创建新工程,工程名称为“自动运料小车控制”,保存在 E 盘文件夹中。

2. 设计梯形图

根据自动运料小车控制流程图,编写对应的 PLC 程序,根据编程思路,设计出自动化运料小车程序,如图 11-9 所示。

3. 录入梯形图程序

打开 GX Developer 软件的“自动运料小车控制”工程,录入自动运料小车控制梯形图程序并保存。

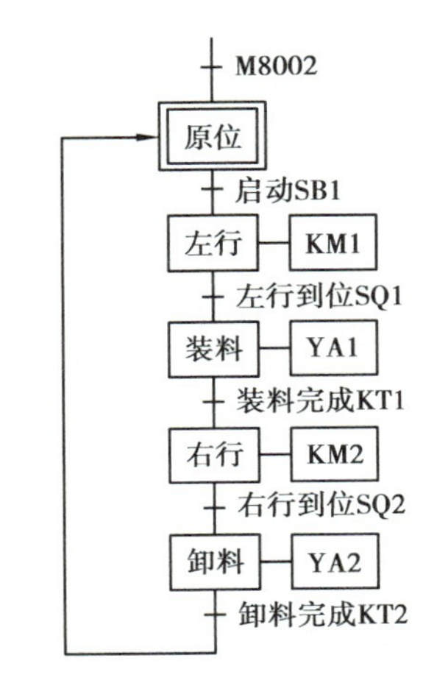

图 11-8　自动运料小车控制流程图

4. 转换指令语句表

利用 GX Developer 软件,将自动运料小车控制梯形图转为对应的指令语句表,并填写表 11-3。

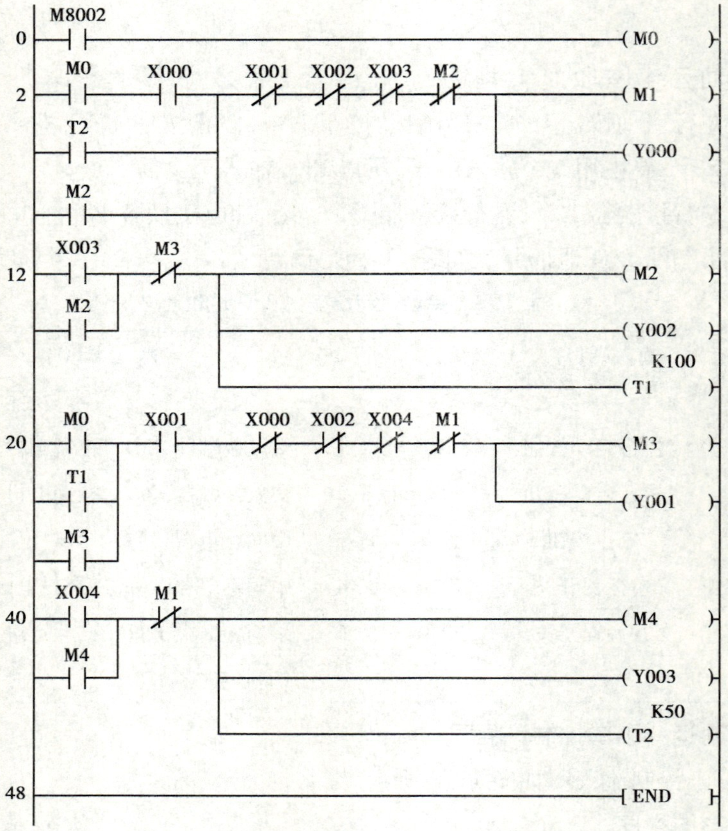

图 11-9　自动运料小车控制梯形图程序

表 11-3　自动运料小车指令语句表

序号	操作码	操作数	序号	操作码	操作数	序号	操作码	操作数

5. 检查梯形图程序

选择“工具”→“程序检查”命令，在弹出的“程序检查”对话框中单击“执行”按钮，对程序进行检查。程序检查完毕，如无误，在“程序检查”对话框的空白处就会显示“MAIN　没有错误”的信息。

▶任务练习

（1）图 11-5 所示程序中表示右行到位的程序步序是________至________。

（2）控制电路 SB1、SB3 按钮的作用是____。

(3)定时器 T0 的计时单位为________。

(4)三菱 FX_{2N}系列 PLC 内部定时器的定时时间单位有哪 3 种？

▶任务评价

根据任务完成情况，如实填写表 11-4。

表 11-4　任务评价表

序号	评价要点	配分/分	得分/分	总评
1	能分配自动运料小车的 I/O 地址	10		A（80 分及以上）□ B（70～79 分）□ C（60～69 分）□ D（59 分及以下）□
2	能画出自动运料小车程序流程图	15		
3	能编写出延时控制程序	15		
4	能编写正反转控制程序	15		
5	能编写互控控制程序	15		
6	能将自动运料小车梯形图转换为指令表语言	10		
7	小组学习氛围浓厚，沟通协作好	10		
8	具有文明规范操作的职业习惯	10		
合计		100		
总结	完成本任务的收获	任务完成过程中遇到的问题	完成本任务的改进计划	

任务三　安装并调试自动运料小车控制电路

▶任务描述

本项目任务二已经编写好自动运料小车的程序，本任务将在此基础上，安装自动化运料小车电路，下载自动运料小车的 PLC 程序，运行调试电路，实现自动运料小车的控制要求。

▶任务准备

准备名称	准备内容	完成情况	负责人
实训工具	万用表 1 块、梅花螺丝刀 1 把、剥线钳 1 把、胶布、连接头若干		
实训器材	计算机、三菱 FX_{2N}-48MR 型 PLC、GX Developer 软件、自动运料小车实验模型、按钮、导线若干		
学习资讯	教材、任务书		

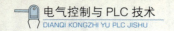

▶任务实施

一、安装自动运料小车控制电路

根据自动运料小车的I/O地址分配表,参照图11-10所示自动运料小车电路硬件接线图,依次安装PLC的电源线、输入信号线、输出信号线。

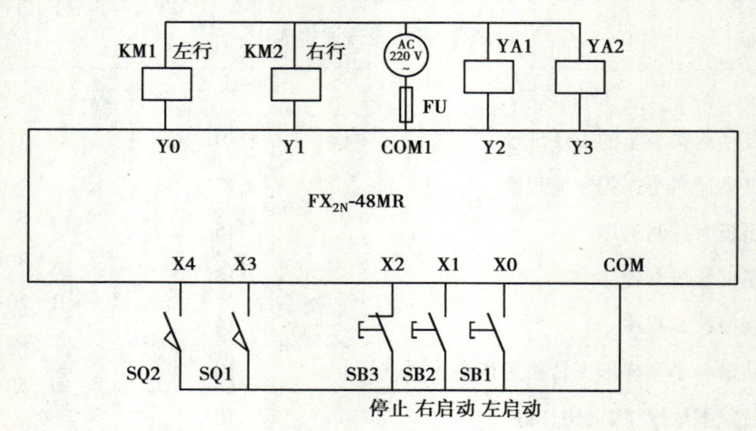

图11-10 自动运料小车电路硬件接线图

1. 安装PLC电源线

三菱FX_{2N}系列PLC采用220 V交流电源供电,从实训台上将电源供电接到PLC主机的L、N接线端。

PLC直流电源接线,主机模块直流+24 V与自动运料小车实验模块的24 V连接;0 V与所用输出端的COM连接。

2. 安装PLC输入信号线

将按钮SB1、SB2、SB3、SQ1、SQ2的一端分别连接在PLC的输入端X0、X1、X2、X3、X4,将SB1、SB2、SB3、SQ1、SQ2的另一端都接在PLC输入的公共端COM上。

3. 安装PLC输出信号线

COM1连接单相电火线。Y0接KM1交流接触器线圈火线端,KM1控制交流电机正转,小车右行。Y1接KM2交流接触器线圈火线端,KM2控制交流电机反转,小车左行。Y2、Y3输出端分别接中间继电器YA1、YA2。YA1、YA2控制装料控制器和卸料控制器。

二、下载程序

1. 连接PLC通信接口线

将PLC通信接口线的一端与计算机连接,另一端与PLC的下载口连接。

2. 下载程序

在计算机上打开GX Developer软件,调出编写好的"自动运料小车"梯形图程序,在确认该梯形图程序无误后,将编译好的程序下载写入PLC内部。

三、运行并调试自动运料小车

①检查电路:核对外部接线,确定外部接线无误。

②空载调试:在不接通主电路电源的情况下,将PLC的"STOP/RUN"开关置于"RUN"

位置，按下按钮 SB1、SB2，观察 PLC 输出指示灯 Y0、Y1、Y2、Y3 的状态。

③系统调试：接通主电路电源，当按下启动按钮 SB1 时，自动运料小车实现左行。当 SQ1 闭合时，小车停下来并开始装料。当按下停止按钮 SB3 时，自动运料小车停止工作。

④反复测试：在运行调试过程中，如果有不符合要求的情况，要检查接线以及 PLC 程序，直至达到实验效果。

▶任务练习

(1)尝试在自动运料小车中间增加 YA1、YA2 紧急制动程序功能。

(2)行程开关主要用于什么场合，怎样判断行程开关的好坏？

(3)简述在本项目中行程开关在控制中所起的作用。

(4)增加故障模块，增设故障点 SB5，输入点 X5，当 X5 有信号时，所有设备停止工作。

①根据控制要求，填写 I/O 地址分配表。

输入地址		输出地址	
SB5	X5		

②完成该控制的梯形图程序。

③打开 GX Developer 软件，进行联机调试。

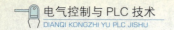

▶任务评价

根据任务完成情况，如实填写表 11-5。

表 11-5　任务评价表

序号	评价要点	配分/分	得分/分	总评
1	能正确安装自动运料小车电路	10		A（80 分及以上）□ B（70～79 分）□ C（60～69 分）□ D（59 分及以下）□
2	能下载自动运料小车的 PLC 程序	30		
3	能正确调试自动运料小车	10		
4	能实现自动运料小车的控制功能	30		
5	小组学习氛围浓厚，沟通协作好	10		
6	具有文明规范操作的职业习惯	10		
合计		100		
总结	完成本任务的收获	任务完成过程中遇到的问题	完成本任务的改进计划	

▶知识拓展

自动导引运输车

自动导引运输车（Automated Guided Vehicle，AGV）是指装备有电磁或光学等自动导引装置，能够沿规定的导引路径行驶，具有安全保护以及各种移载功能的运输车。其在工业应用中是不需驾驶员的，可以用蓄电池作为动力来源。

AGV 的引导原理是根据小车行走的轨迹进行编程，数字编码器根据检测出的电压信号判断小车与预先编程的轨迹的位置偏差，控制器根据位置偏差调整电机转速对偏差进行纠正，从而使小车沿预先编程的轨迹行走。因此在 AGV 行走过程中，需不断根据输入的位置偏差信号调整电机转速，对系统进行实时控制。

▶项目练习

（1）改变硬件功能，在电路中设计过载报警电路，交流电机异常指示灯电路。

（2）改变软件程序，在软件编程中加入交流电机过载保护功能。

（3）改变功能设计，在电路中加入红外距离传感器，让自动运料小车的运行更加智能。

（4）尝试在自动运料小车中加入声光报警系统，在出现故障时可进行声光报警。

项目十二　利用 PLC 实现四层电梯控制

▶项目目标

知识目标

(1)了解四层电梯电路的结构和特点;

(2)理解四层电梯电路的控制过程;

(3)掌握四层电梯控制的 PLC 基本指令;

(4)掌握 PLC 四层电梯控制的设计原则与步骤;

(5)掌握下载并调试 PLC 程序的方法。

技能目标

(1)能写出四层电梯的 I/O 地址分配表;

(2)能完成四层电梯模型的安装;

(3)能使用 PLC 基本编程指令,分模块编写四层电梯控制的程序;

(4)能下载并调试 PLC 程序,实现控制四层电梯的功能。

思政目标

(1)激发学生的学习兴趣,训练学生良好的操作习惯,培养学生严谨的科学态度;

(2)培养学生好学向上、积极动手、团结协作、吃苦耐劳等良好品质;

(3)培养学生的 7S 职业素养。

▶项目描述

随着现代城市的发展,高层建筑日益增多,电梯(见图 12-1)成为人们日常生活必不可少的代步工具。电梯性能的好坏对人们生活的影响越来越显著,提高电梯系统的控制性能,保证电梯高效运行显得尤为重要。本项目以四层电梯模型为载体,利用 PLC 来实现电梯升降控制。

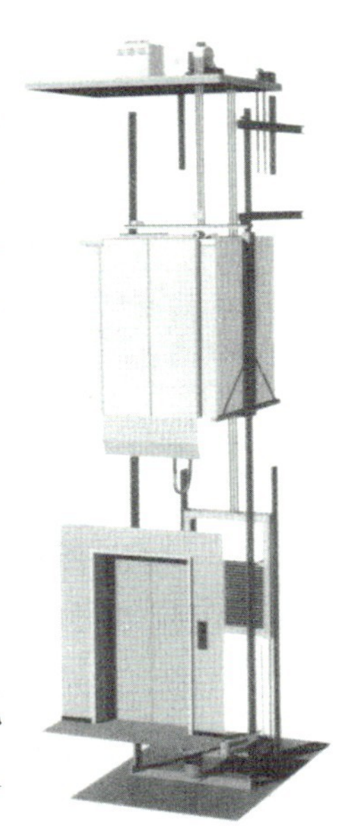

图 12-1　电梯

任务一　认识四层电梯控制电路

▶任务描述

电梯按用途可分为乘客电梯、载货电梯、医用电梯、杂物电梯、观光电梯、车辆电梯等。本任务将学习电梯的外形结构、控制要求及模型。

▶任务准备

准备名称	准备内容	完成情况	负责人
实训工具	万用表		
实训器材	电梯模型		
学习资讯	教材、任务书		

▶任务实施

一、认识电梯

电梯(垂直电梯)是一种垂直运送行人或货物的运输设备。电梯具有安全可靠、输送效率高、平层准确和乘坐舒适等优点。电梯的基本参数主要有额定载重量、可乘人数、额定速度、轿厢外廓尺寸和井道型式等。

电梯的结构包括四大空间和八大系统。四大空间分别是机房部分、井道及底坑部分、轿厢部分和层站部分。八大系统是曳引系统、导向系统、轿厢、门系统、重量平衡系统、电力拖动系统、电气控制系统、安全保护系统,如图12-2所示。

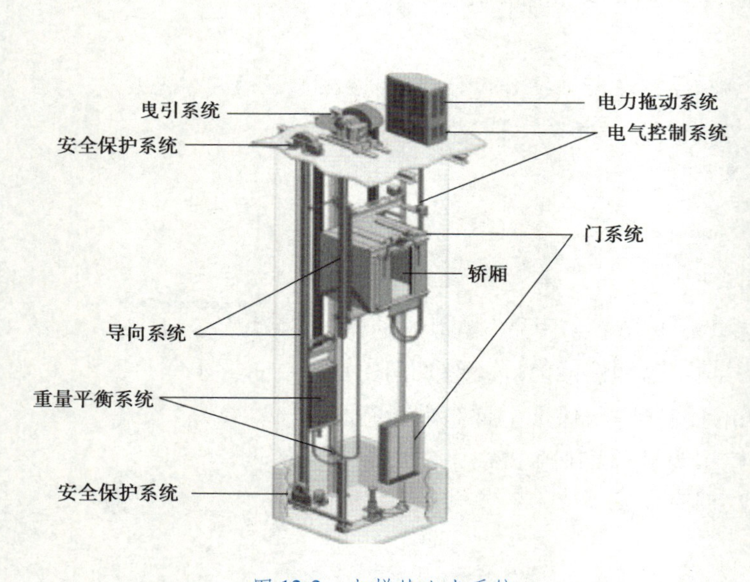

图12-2　电梯的八大系统

图12-3　四层电梯模型

二、认识四层电梯模型电路

四层电梯模型如图12-3所示,内部包含了直流电机、传送带、数码管、楼层传感器、模拟轿厢等设备。

三、了解四层电梯模型的控制要求

总体控制要求:电梯由安装在各楼层电梯口的上升/下降呼叫按钮(U1、U2、D2、U3、D3、D4)、电梯轿厢内楼层选择按钮(S1、S2、S3、S4)、电梯轿厢楼层显示数码管、上升/下降指示(UP、DOWN)、各楼层到位行程开关(SQ1、SQ2、SQ3、SQ4)组成。电梯自动执行呼叫。

电梯在上升的过程中只响应向上的呼叫，电梯在下降的过程中只响应向下的呼叫，电梯向上或向下的呼叫执行完成后再执行反向呼叫。

电梯具有楼层显示、方向指示功能。

▶任务练习

（1）简述四层电梯模型的组成部分。

（2）简述四层电梯模型的控制要求。

▶任务评价

根据任务完成情况，如实填写表 12-1。

表 12-1　任务评价表

<table>
<tr><th>序号</th><th colspan="2">评价要点</th><th>配分/分</th><th>得分/分</th><th>总评</th></tr>
<tr><td>1</td><td colspan="2">能指出四层电梯模型中的数码管、直流电机、楼层传感器、传送带等设备</td><td>10</td><td></td><td rowspan="7">A（80 分及以上）□
B（70～79 分）□
C（60～69 分）□
D（59 分及以下）□</td></tr>
<tr><td>2</td><td colspan="2">能简述四层电梯模型中的数码管、直流电机、楼层传感器、传送带等设备的功能</td><td>30</td><td></td></tr>
<tr><td>3</td><td colspan="2">能简述四层电梯模型的工作原理和控制要求</td><td>30</td><td></td></tr>
<tr><td>4</td><td colspan="2">能简述电梯的应用场所</td><td>10</td><td></td></tr>
<tr><td>5</td><td colspan="2">小组学习氛围浓厚，沟通协作好</td><td>10</td><td></td></tr>
<tr><td>6</td><td colspan="2">具有文明规范操作的职业习惯</td><td>10</td><td></td></tr>
<tr><td colspan="3">合计</td><td>100</td><td></td></tr>
<tr><td rowspan="2">总结</td><td>完成本任务的收获</td><td>任务完成过程中遇到的问题</td><td colspan="3">完成本任务的改进计划</td></tr>
<tr><td></td><td></td><td colspan="3"></td></tr>
</table>

任务二　设计四层电梯控制程序

▶任务描述

本任务要设计的四层电梯程序比较复杂，包含了轿厢内选按钮控制程序、楼层上下呼叫功能程序、楼层指示程序、运行到楼层停车的控制程序等。面对复杂的设计，本任务将学习配置 I/O 端口，画程序流程图，分模块编写程序。

▶任务准备

准备名称	准备内容	完成情况	负责人
实训器材	计算机、三菱 FX_{2N}-48MR 型 PLC、GX Developer 软件、电梯实验模型、按钮开关		
学习资讯	教材、任务书		

▶任务实施

一、分配四层电梯的 I/O 地址

四层电梯电路的输入设备有 17 个,包含外呼按钮 6 个、楼层传感器 4 个、轿厢内选按钮 4 个、顶端保护和低端保护传感器各 1 个、复位按钮 1 个。其输出设备有 5 个。PLC 的 I/O 地址分配见表 12-2。

表 12-2　四层电梯电路的 I/O 地址分配

输入端(I)			输出端(O)		
序号	输入名称	输入点	序号	输出名称	输出点
1	一楼上呼 U1	X0	1	△UP	Y0
2	二楼上呼 U2	X1	2	▽ DOWN	Y1
3	三楼上呼 U3	X2	3	楼层显示 A	Y5
4	二楼下呼 D2	X3	4	楼层显示 B	Y6
5	三楼下呼 D3	X4	5	楼层显示 C	Y7
6	四楼下呼 D4	X5			
7	楼层传感器 SQ1	X6			
8	楼层传感器 SQ2	X7			
9	楼层传感器 SQ3	X10			
10	楼层传感器 SQ4	X11			
11	一层内选 S1	X12			
12	二层内选 S2	X13			
13	三层内选 S3	X14			
14	四层内选 S4	X15			
15	底端保护 SQ5	X16			
16	顶端保护 SQ6	X17			
17	复位 SB1	X20			

二、设计四层电梯控制程序流程图

四层电梯控制的程序流程图如图 12-4 所示。

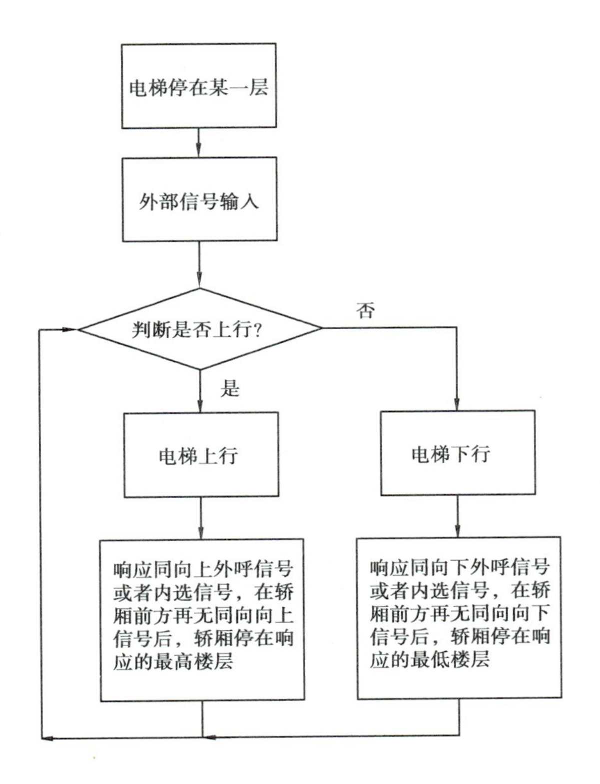

图 12-4　四层电梯控制的程序流程图

三、编写梯形图程序

1. 新建工程

使用 GX Developer 软件创建新工程，工程名称为“四层电梯控制”，保存在 E 盘文件夹中。

2. 设计梯形图

根据程序流程图，分模块编写轿厢内选按钮控制程序、楼层上下呼叫功能程序、楼层指示程序、运行到楼层停车的控制程序等，如图 12-5 所示。

3. 录入梯形图程序

打开 GX Developer 软件的“四层电梯控制”工程，录入四层电梯控制梯形图程序并保存。

4. 检查梯形图程序

选择“工具”→“程序检查”命令，在弹出的“程序检查”对话框中单击“执行”按钮，对程序进行检查。程序检查完毕，如无误，在“程序检查”对话框的空白处就会显示“MAIN　没有错误”的信息。

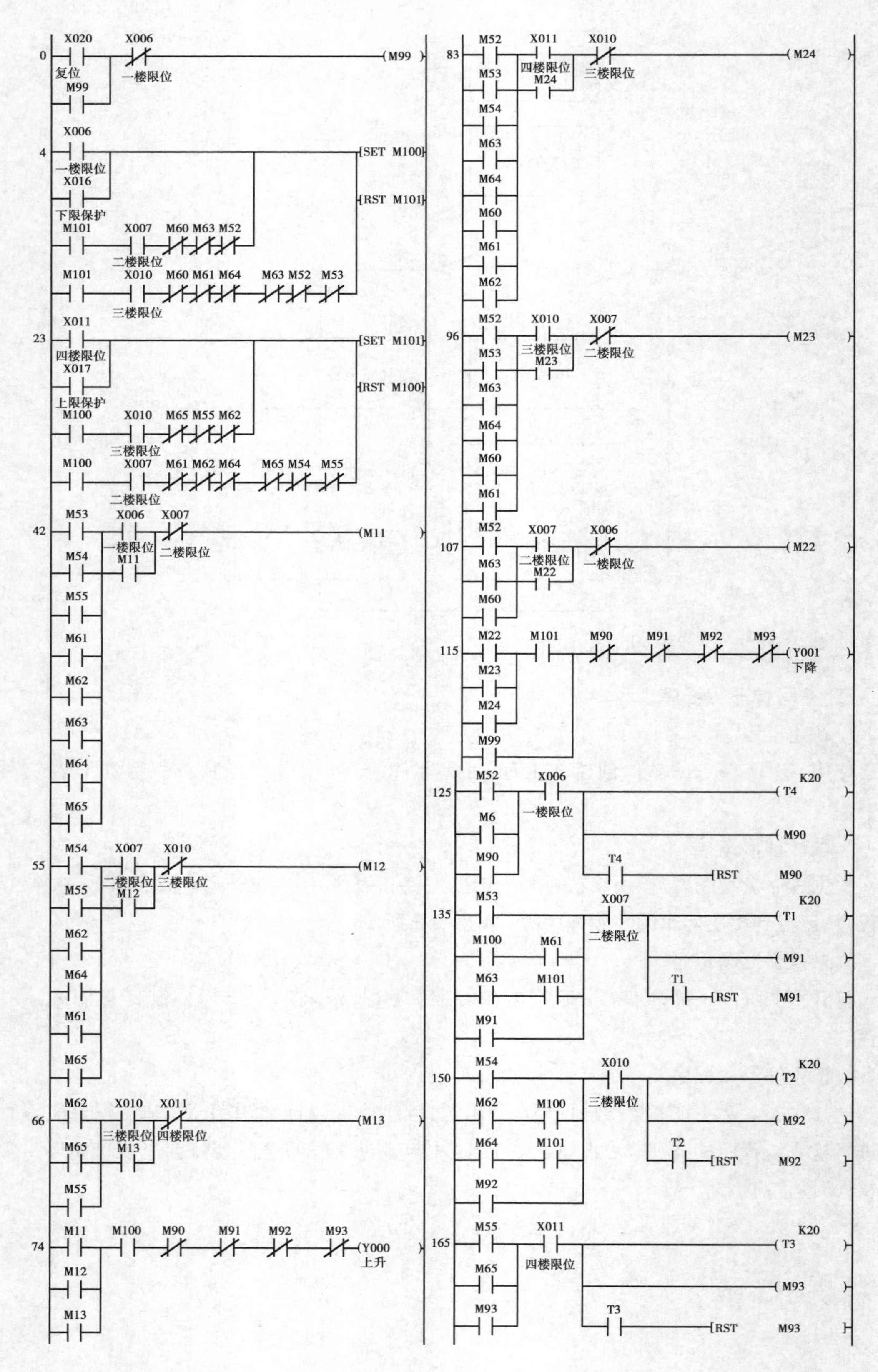
0
X020
复位
M99
X006
一楼限位
M99
4
X006
一楼限位
X016
下限保护
M101
X007
二楼限位
M60 M63 M52
M101
X010
三楼限位
M60 M61 M64
M63 M52 M53
SET M100
RST M101
23
X011
四楼限位
X017
上限保护
M100
X010
三楼限位
M65 M55 M62
M100
X007
二楼限位
M61 M62 M64
M65 M54 M55
SET M101
RST M100
42
M53
M54
M55
M61
M62
M63
M64
M65
X006
一楼限位
M11
X007
二楼限位
M11
55
M54
M55
M62
M64
M61
M65
X007
二楼限位
M12
X010
三楼限位
M12
66
M62
M65
M55
X010
三楼限位
M13
X011
四楼限位
M13
74
M11
M12
M13
M100
M90
M91
M92
M93
Y000
上升
83
M52
M53
M54
M63
M64
M60
M61
M62
X011
四楼限位
M24
X010
三楼限位
M24
96
M52
M53
M63
M64
M60
M61
X010
三楼限位
M23
X007
二楼限位
M23
107
M52
M63
M60
X007
二楼限位
M22
X006
一楼限位
M22
115
M22
M23
M24
M99
M101
M90
M91
M92
M93
Y001
下降
125
M52
M6
M90
X006
一楼限位
K20
T4
M90
T4
RST M90
135
M53
M100
M61
M63
M101
M91
X007
二楼限位
K20
T1
M91
T1
RST M91
150
M54
M62
M100
M64
M101
M92
X010
三楼限位
K20
T2
M92
T2
RST M92
165
M55
M65
M93
X011
四楼限位
K20
T3
M93
T3
RST M93

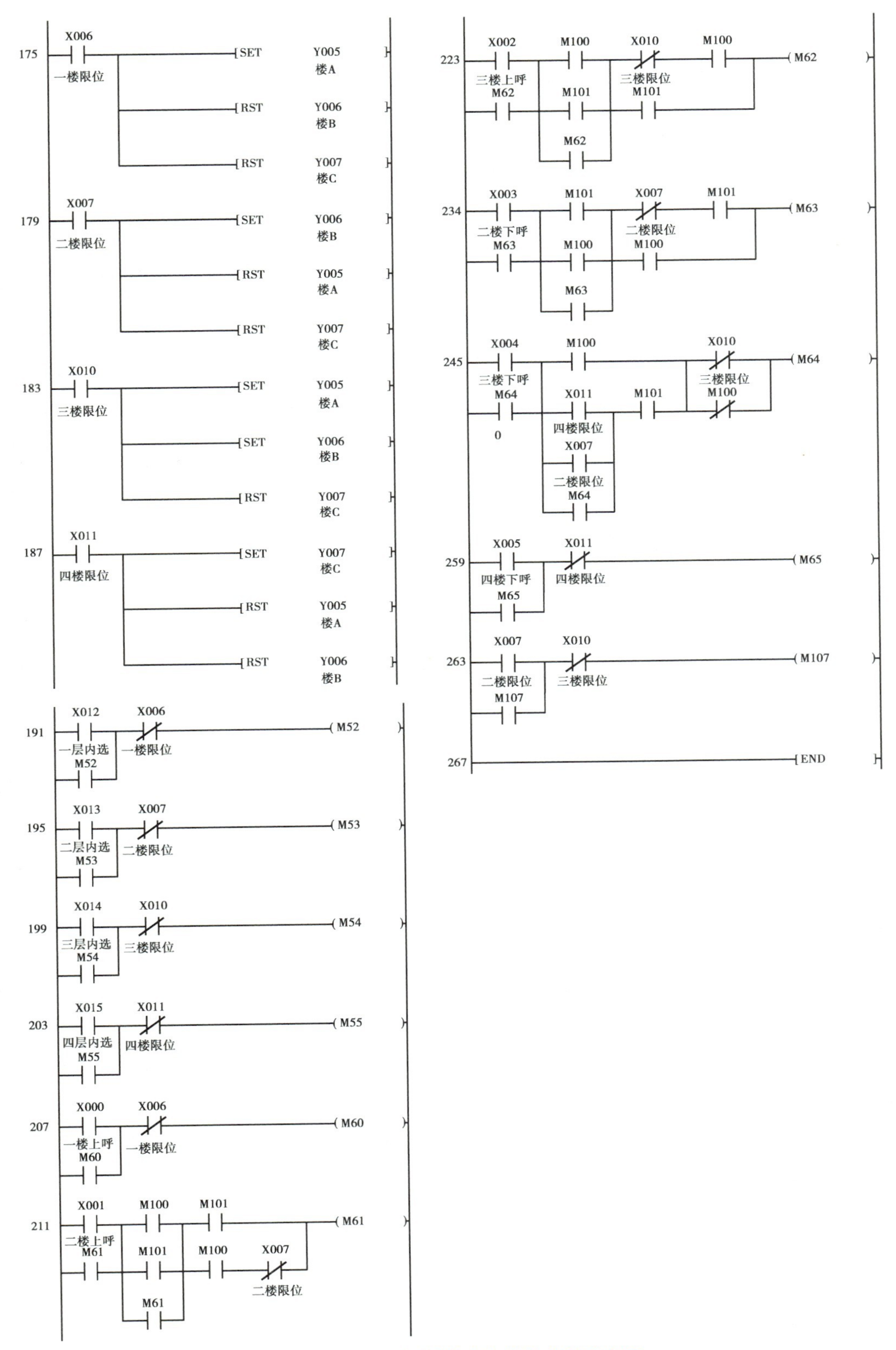

图 12-5　四层电梯模型控制的梯形图程序

▶任务练习

(1)图 12-5 所示程序中表示楼层数码管显示的程序步序是________至________。

(2)请描述按下复位按钮后,程序是怎么执行的。

▶任务评价

根据任务完成情况,如实填写表 12-3。

表 12-3 任务评价表

<table>
<tr><th>序号</th><th>评价要点</th><th>配分/分</th><th>得分/分</th><th>总评</th></tr>
<tr><td>1</td><td>能分配四层电梯的 I/O 地址</td><td>10</td><td></td><td rowspan="9">A (80 分及以上) □
B (70 ~ 79 分) □
C (60 ~ 69 分) □
D (59 分及以下) □</td></tr>
<tr><td>2</td><td>能画出四层电梯控制的程序流程图</td><td>10</td><td></td></tr>
<tr><td>3</td><td>能编写楼层指示程序</td><td>10</td><td></td></tr>
<tr><td>4</td><td>能编写轿厢内选控制程序</td><td>15</td><td></td></tr>
<tr><td>5</td><td>能编写楼层呼叫控制程序</td><td>15</td><td></td></tr>
<tr><td>6</td><td>能编写运行到位停车控制程序</td><td>20</td><td></td></tr>
<tr><td>7</td><td>小组学习氛围浓厚,沟通协作好</td><td>10</td><td></td></tr>
<tr><td>8</td><td>具有文明规范操作的职业习惯</td><td>10</td><td></td></tr>
<tr><td colspan="2">合计</td><td>100</td><td></td></tr>
<tr><td rowspan="2">总结</td><td>完成本任务的收获</td><td>任务完成过程中遇到的问题</td><td colspan="2">完成本任务的改进计划</td></tr>
<tr><td></td><td></td><td colspan="2"></td></tr>
</table>

任务三 安装并调试四层电梯控制电路

▶任务描述

本项目任务二已经编写好四层电梯控制的 PLC 程序,本任务将在此基础上,完成安四层电梯控制电路、下载四层电梯控制电路的 PLC 程序、运行调试电路,实现四层电梯的控制要求。

▶任务准备

准备名称	准备内容	完成情况	负责人
实训工具	万用表 1 块、梅花螺丝刀 1 把、剥线钳 1 把		
实训器材	计算机、三菱 FX_{2N}-48MR 型 PLC、GX Developer 软件、电梯实验模型、按钮开关、导线若干		
学习资讯	教材、任务书		

▶任务实施

一、安装四层电梯模型控制电路

根据四层电梯的 I/O 地址分配表，参照图 12-6 所示四层电梯电路硬件 I/O 接线图，依次安装 PLC 的电源线、输入信号线、输出信号线。

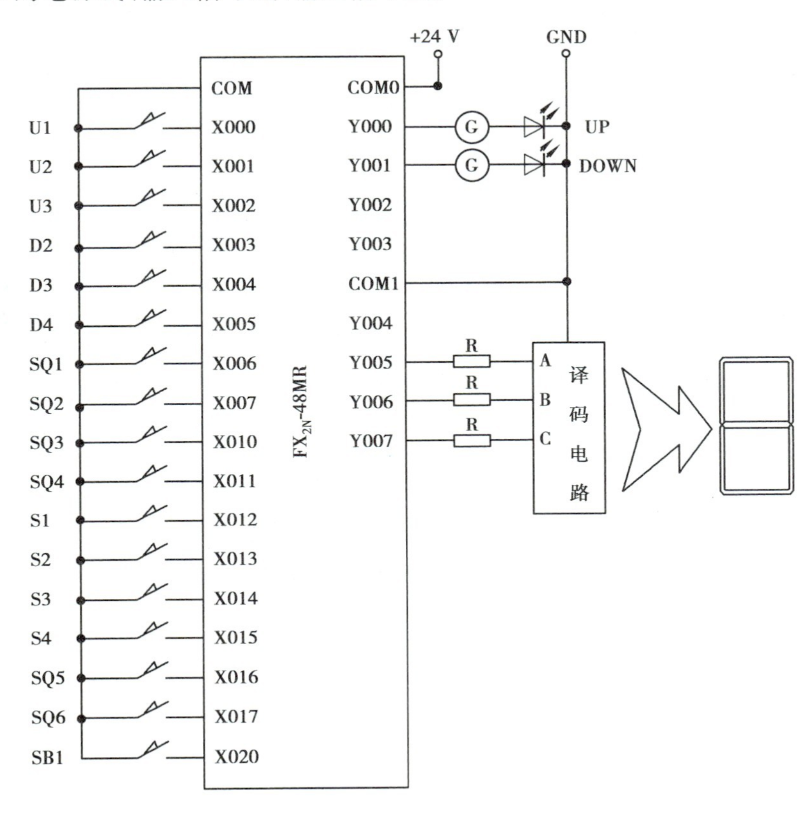

图 12-6　PLC 四层电梯模型电路硬件 I/O 接线图

1. 安装 PLC 电源线

三菱 FX_{2N}系列 PLC 采用 220 V 交流电源供电，从实训台上将电源供电接到 PLC 主机的 L、N 接线端。

PLC 直流电源接线，主机模块直流 +24 V 与电梯实验模型的 24 V 连接，0 V 与所用输出端的 COM 连接。

2. 安装 PLC 输入信号线

将电梯模块中的一楼上呼 U1、二楼上呼 U2、三楼上呼 U3、二楼下呼 D2、三楼下呼 D3、四楼下呼 D4、楼层传感器 SQ1、楼层传感器 SQ2、楼层传感器 SQ3、楼层传感器 SQ4、一层内选 S1、二层内选 S2、三层内选 S3、四层内选 S4、底端保护 SQ5、顶端保护 SQ6、复位 SB1 分别接到 PLC 的对应输入端。

3. 安装 PLC 输出信号线

COM0 接 24 V。Y0 接电梯模型“△”标志的接口。Y1 接电梯模型“▽”标志的接口。

PLC 的 COM1 端口接 COM 端口。Y5、Y6、Y7 分别接到电梯模型楼层显示的 A、B、C 接口。

二、下载程序

1. 连接 PLC 通信接口线

将 PLC 通信接口线的一端与计算机连接，另一端与 PLC 的下载口连接。

2. 下载程序

在计算机上打开 GX Developer 软件，调出编写好的“电梯控制”梯形图程序，在确认该梯形图程序无误后，将编译好的程序下载写入 PLC 内部。

三、运行并调试四层电梯控制电路

①检查电路：核对外部接线，确定外部接线无误。

②运行调试：接通负载，分别按下上升/下降呼叫按钮（U1、U2、D2、U3、D3、D4），观察电梯是否执行对应的上下运动；按下电梯轿厢内楼层选择按钮（S1、S2、S3、S4），观察是否会运行到对应的楼层；观察上升/下降指示（UP、DOWN）指示灯是否正常；观察楼层显示数码管是否能正确显示对应的楼层。

▶任务练习

（1）本电梯模型中的电机是什么类型，怎么实现电梯轿厢的上下运动？

（2）如果在调试中，楼层显示数码管没有点亮，应该做哪些检查？

（3）请设计程序实现以下功能：按下 2 楼内呼按钮，电梯轿厢从 1 楼升到 2 楼，停留 10 s 后，电梯轿厢自动降到 1 楼。

①根据控制要求，填写 I/O 地址分配表。

输入地址		输出地址	

②完成该控制的梯形图程序。

③打开 GX Developer 软件，进行联机调试。

▶任务评价

根据任务完成情况，如实填写表 12-4。

表 12-4　任务评价表

序号	评价要点			配分/分	得分/分	总评
1	能完成四层电梯模型输入信号的接线			10		A（80 分及以上）□ B（70～79 分）□ C（60～69 分）□ D（59 分及以下）□
2	能完成四层电梯模型输出信号的接线			30		
3	能下载四层电梯模型的程序			30		
4	能调试四层电梯模型电路，实现控制功能			10		
5	小组学习氛围浓厚，沟通协作好			10		
6	具有文明规范操作的职业习惯			10		
合计				100		
总结	完成本任务的收获	任务完成过程中遇到的问题	完成本任务的改进计划			

▶知识拓展

电梯控制系统的发展方向

电梯未来会向网络化、智能化、高效化、绿色节能等方向发展。

①电梯产业将会向着高度融入信息化、智能化、网络化、物联网化方向发展。物联网相关技术已经成熟，电梯物联网技术也正在兴起，安全技术、通信技术、传感技术、大数据应用、人工智能等将会应用到电梯服务、维保和管理中。

②超高速电梯速度越来越快。

③电梯向绿色节能等方向发展。

当今世界非常清晰地认识到生存与发展的关系，不环保就无法生存，没有生存根本谈不上发展。绿色理念已经深入人心，绿色理念是电梯发展总趋势。

▶项目练习

(1)本项目程序中 M55 在什么时候会动作，动作后会对哪些输出有影响？

(2)本项目程序中的 SET、RST 起什么作用？

(3)在四层电梯模型中，轿厢停在 1 楼的时候，会有哪些动作？

(4)请设计程序，数码管能正确显示电梯所在楼层。模型共有 4 层楼，据电梯轿厢位置，显示对应楼层。

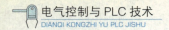

①根据控制要求,填写 I/O 地址分配表。

输入地址		输出地址	

②完成该控制的梯形图程序。

X000

③打开 GX Developer 软件,进行联机调试。